AF453265

MANUEL PRATIQUE

DU

FAUCONNIER

VOLUME TIRÉ A PETIT NOMBRE

Deux exemplaires sur Japon non mis dans le commerce.

PH DU LAPIN PAR L'AUTOUR

MANUEL PRATIQUE

DU

FAUCONNIER

au XIXe Siècle

CONTENANT TOUT CE QU'IL FAUT SAVOIR POUR DRESSER

LES FAUCONS ET AUTOURS

À LA

CHASSE AU VOL

des Perdreaux, Faisans, Canards, Lièvres, Lapins, etc.

Par G. FOYE

Illustrations par Albert Bettannier

PARIS

LIBRAIRIE PAIRAULT

BIBLIOTHÈQUE CYNÉGÉTIQUE ET SPORTIVE

3, Passage Nollet, 3

1886

A Monseigneur le Comte de Paris.

Monseigneur,

La noble passion de vos ancêtres, la chasse, que vous possédez à un si haut degré, me fait espérer que vous voudrez bien faire bon accueil au petit traité de Fauconnerie que j'ai l'honneur de mettre sous votre haut et puissant patronage, et que, comme la Vénerie qui pour vous n'a pas de secrets, la Fauconnerie, si vous daignez le vouloir, peut vous rappeler des temps aimés et fournir un exemple à ceux qui désirent conserver les vaillantes et saines traditions de vos nobles ancêtres.

Daignez, Monseigneur, recevoir l'hommage du respect de votre très humble et très dévoué serviteur.

G. FOYE.

Aperçu Historique

—

ELON Aldrovande, les premiers qui aient écrit sur la fauconnerie, sont Élien et Julius Firmicus ; le premier existait peu de temps après l'époque d'Adrien, le second à l'époque de Constantin, petit fils de Constantin le Grand. Différente pourtant est l'opinion d'Albert le Grand, qui l. XXIII, *D. Animal.* prétend que le premier qui écrivit sur cette matière fut Simmacus, et Théodosius à Ptolémée Philométor, roi d'Égypte, qui régna un peu plus d'un siècle avant la naissance du Christ.

Léandro de Bologne, qui a écrit vers 1517, pense que le premier qui ait introduit en Italie l'usage des faucons, soit l'empereur Frédéric II ou Barberousse, qui est neveu de Frédéric Ier, dit Ænobarbus ou Barberousse. *Fridericus secundus Ænobarbus venatione, et avibus plurimum delecta-*

batur, et primus cum falconibus, et accipitribus au-
cupandi morem invexisse traditur.

C'est de ce même Frédéric que parle ainsi dans
le *Dittamondo, Fazio degli Uberti* :

> E se non fosse poi, che a Vittoria
> Per lo suo falconare in fuga volto,
> Ancor farei maggior la sua memoria.

et dans les *Cent nouvelles anciennes*, imprimées à
Florence, chez Giunti, novel. 88, num. pr., on
lit : loimperator Federigo andava a falcone, bien
que Pandolfo Collenuzio, peu après l'année 1501,
dans son histoire napolitaine, attribue l'introduc-
tion de la fauconnerie à Henri VI, fils de Barberousse. *Henricus Sextus Imperator venationi sum-*
mopere deditus falconum aucupium primus in
Italiam invexisse creditur. Cette opinion n'est pas
partagée par Albert le Grand, qui combat l'avis
de ces deux auteurs dans le livre cité ci-dessus; il
prétend, au contraire, que les plus importants secrets sur la chasse, la surveillance, l'éducation et
tous les autres soins se rapportant aux faucons ont
été enseignés à Frédéric par le fauconnier de
Ruggieri II, roi de Sicile (1129), qui fut le père
de Guillaume Ier, dit le Mauvais; et dont la fille
Constance fut mariée à l'empereur Henri VI. On

voit par là que Ruggieri, aïeul de Henri VI et bis-
aïeul de Frédéric II, avait déjà introduit en Sicile
l'art de la fauconnerie. Quoi qu'il en soit, dit Albert le Grand, il n'y a pas de doute que l'art de la
fauconnerie fut ignoré pendant fort longtemps des
Grecs et des Romains. Selon le témoignage d'Albert le Grand, ce n'est qu'avec le temps, et bien
après Simmacus et Théodosius que ceux-ci eurent
des notions de fauconnerie et qu'il survint alors des
écrivains sur telle matière. Ainsi, Démétrius le
Constantinopolitain écrit à l'empereur de Cons-
tantinople sur l'éducation des faucons. Guillaume
Tardif écrivit un livre en français sur le même sujet, et l'envoya à Charles VIII, roi de France.
Tappo Lunense en compose un autre en langue
allemande et Bellon en traite également dans son
volume *de rebus memorabilibus*. En 1568 et ensuite
en 1587 parurent deux livres traitant de la fauconnerie; le premier, de Francesco Sforzino da Carcano, noble de Vicence; le second, de Federigo
Giorgi; ces livres sont pour ainsi dire divisés en
trois parties : la première traite des différentes espèces de faucons; la seconde, de leur instruction
pour la chasse; la troisième, des maladies et re-

mœurs particuliers aux faucons. A l'époque de de
Thou parut à Francfort 1554 Conrad Gesnero,
qui mourut à 49 ans, en 1565, regretté par de Thou
dans son *Histoire des animaux*, et par Ulysse Aldrovande dans son *Ornithologie des oiseaux*. Ensuite
vint Jules Cesare Scaligero, traducteur d'Aristote
pour la partie regardant l'histoire des animaux, et
qui fut imprimé à Toulouse, en 1619. Vint encore
Giovanni Gianstonio qui a fait une histoire natu-
relle des oiseaux, édition de Francfort, 1650; enfin parut à Amsterdam, en 1718, avec deux cent
soixante gravures, en deux volumes in-folio, le
Théâtre des animaux, de Henri Ruis, qui corrige
diverses erreurs de ses prédécesseurs.

Le *grand-fauconnier* de France n'était autrefois qualifié que *fauconnier*, en latin *falconarius
unus*; c'est ainsi qu'on le trouve parmi les officiers
de la couronne, sous la seconde race. Ensuite il fut
connu sous le titre de *maître de la fauconnerie du
roi*. Enfin, sous le règne de *Charles VI*, il prit le
titre de *grand-fauconnier*. Eustache de Gaucourt
fut le premier qui prit la qualité de *grand-fauconnier de France*.

Cette charge a été démembrée de celle de grand-veneur. Le grand-fauconnier prêtait serment de fidélité entre les mains du roi. Il nommait à toutes les charges de *chefs de vol*, vacantes par mort.

Les droits et les prérogatives du *grand fauconnier* sont tirés d'une histoire manuscrite de *Robert de la Marck*, *grand-fauconnier* sous *Louis XII* et *François Ier*.

Les *vols* sous la direction du *grand-fauconnier* étaient : deux *vols* pour *milan*, un pour le *héron*, deux pour corneille, un pour les champs, c'est-à-dire pour la perdrix ; un pour rivière, un pour pie et un pour lièvre. Chacun de ces vols avait un chef et un lieutenant, excepté le vol pour *pie*, qui n'avait qu'un chef et deux piqueurs.

La charge de *grand-fauconnier de France* est très ancienne. Le P. Anselme, dans son *Histoire des grands officiers de la couronne*, compte trente-six *grands-fauconniers* de France, depuis *Jean de Beaune*, qui fut pourvu de cette charge, en 1250, jusqu'à *François Daurat*, comte des Maretz, *grand-fauconnier* de France en 1688.

François-Louis Daurat, marquis des Maretz, son fils, fut nommé en survivance en janvier 1717 ;

et il en devint titulaire par la mort de son père, le 24 janvier 1718.

Louis-César le Blanc de la Beaune, duc de la Vallière, pair de France, est le trente-septième *grand-fauconnier* de France, et il a été pourvu de cette charge en 1748; et M. *d'Entragues*, du nom de Crémeaux, brigadier de 1762, enseigne de gendarmes de la garde, lieutenant-général en Bourgogne, gouverneur de Mâcon, était *grand-fauconnier*, en survivance, depuis 1763.

On trouve, dans le *Roman de Guérin le Lorrain*, *fauconnier-maître*, pour dire *grand-fauconnier* :

> Branconier mestre en fit li rois Pépin;
> Les chiens li baille, cil volontiers les pinst
> Lis dus Gilbert richement enservi,
> Celui mestier li rois li retali,
> Fauconnier mestre de ses oiseaux en fit.

Autrefois les marchands fauconniers français ou étrangers étaient obligés, à peine de confiscation de leurs oiseaux, avant de pouvoir les exposer en vente, de les venir présenter au grand fauconnier, qui choisissait et retenait ceux qu'il estimait nécessaires, ou qui manquaient aux plaisirs du roi.

Le grand maître de Malte faisait présenter au roi, tous les ans, douze oiseaux, par un chevalier de la nation, à qui le roi faisait présent de mille écus, quoique le grand maitre payât à ce même chevalier son voyage à la cour de France. Le roi de Danemark et le prince de Curlande envoyaient aussi au roi des gerfauts et autres oiseaux de proie. Le grand-fauconnier de France, Louis-César le Blanc de la Beaune, duc de la Vallière, fut nommé chevalier des ordres du roi le 2 février 1748, capitaine des chasses de la varenne du Louvre en mars 1748, grand-fauconnier de France en mai de la même année. Depuis cette époque la fauconnerie parut vouloir disparaître en France, le roi lui-même, comme tant de ses prédécesseurs, n'en donnant pas l'exemple, ce noble art semblait devoir se perdre. Cependant l'électeur de Hesse-Cassel prit pendant cinq ans à son service François Van des Heuvel, né à Valkenswaard, en 1766; après avoir servi l'électeur de Hesse-Cassel, il fut engagé pour la fauconnerie de Versailles, en 1785, où il servit sous M. de Forget, lieutenant des chasses de Louis XVI; il passa ensuite au service du prince d'Anhalt-Bernbourg en 1792, et au bout de deux ans devint fauconnier du colonel Daunton, de 1794 à 1799; puis de lord Middleton, de 1799 à 1804;

de Sir Robert Laley, de 1804 à 1820, et du colonel Wilson, de 1820 à 1828. Lors de l'abdication du roi de Hollande, en juillet 1810, et de l'annexion de ce royaume à l'empire français, Napoléon Ier fit venir Daams et Daankers à Versailles, accompagnés de quatre aides fauconniers ; mais dès 1813 la fauconnerie impériale fut supprimée. Sir John S. bright prit à son service Peels jusqu'en 1814, époque de la fondation du Hawking Club de Didlington. Peels mourut en 1858 en laissant deux fils auxquels il avait appris son art ; tous deux étaient fort habiles, et John, l'un d'eux, entra au service du duc de Saint-Albans, grand fauconnier héréditaire de la couronne d'Angleterre. En 1840 la Société du Loo prit, avec vingt-deux faucons, cent trente-huit hérons.

Parmi les fauconniers modernes, nous citerons avec plaisir, comme nous ayant conservé les saines traditions de la fauconnerie, M. de Grandmaison, en son château des Sanches, en Sologne ; M. le comte Le Couteulx, M. A. Geoffroy-St-Hilaire, M. Pierre-Amédée Pichot, M. de la Rüe, M. Paul-Gervais, qui possède encore aujourd'hui un merveilleux équipage ; M. le comte de Toulouse-Lau-

tree, M. G. Sourbets, M. le docteur Prieur, M. Henri
Lefebvre, M. C. de Saint-Marc, M. Barrachin,
M. Heuzé, enfin, M. A. Belvalette, qui est à juste
titre considéré comme un fort habile fauconnier
moderne.

Rien ne s'oppose encore aujourd'hui à ce que
la fauconnerie reprenne son ancienne splendeur;
nous possédons encore en France des plaines suffisamment vastes pour pouvoir nous livrer à ce
noble exercice.

« C'est un passe-temps et plaisir si grand, qu'il
ne cède en rien à celui de la vénerie, et voilà
comment cette ancienne contention tant débattue
entre les veneurs et fauconniers, à savoir laquelle
est à préférer à l'autre, a été jusqu'ici indécise ».
(Jean de Franchières, grand prieur d'Aquitaine).

Arthelouche de Alagona, un autre de nos
grands maîtres en fauconnerie, considère la fauconnerie comme bien au-dessus de la vénerie.
Fauconnerie et vénerie se valent puisque ces
deux arts peuvent et doivent même être rehaussés
par la présence des dames.

Pendant que notre siècle paraît vouloir se jouer
de tout ce qui se faisait au bon vieux temps, allant

à l'aventure et se lançant à la poursuite d'utopies nouvelles, quelques fervents laissant passer la foule houleuse, s'arrêtent au bord du précipice et retournent même en arrière. Il est même curieux aujourd'hui de voir quelques hommes, parmi lesquels beaucoup de jeunes, croire encore au passé, l'aimer et se passionner pour les choses d'autrefois. La chasse au vol fort dispendieuse, ne l'était que par le nombre, l'éclat et la magnificence où chacun s'efforçait de maintenir sa fauconnerie.

Pour n'en donner qu'une idée, nous allons essayer de donner très sommairement l'organisation d'un équipage de fauconnerie à cette époque. « Il y avait le maître des chasses qui commandait et tenait la haute main sur les deux troupes de vénerie et de fauconnerie; puis chaque troupe, encore qu'elle relevât de ses ordres, avait ses chefs à part, et son monde particulier. A la vénerie étaient le premier piqueur, puis deux piqueurs, quatre chefs de relais, quatre aides de vénerie et huit varlets de chiens. A la fauconnerie, le chef des fauconniers, un lieutenant, deux fauconniers, trois aides, quatre varlets et deux pages, avec trois aides autoursiers et dix gardes, cinq pour les volières et cinq pour les héronnières.

Il y avait d'une part, à la haute volerie, dix faucons et dix gerfauts ; à la basse volerie quatre autours, quatre laniers, trois hobereaux et trois éperviers pour l'alouette.

Chaque oiseau avait sa chambre ; ces chambres se joignaient par deux, et se pouvaient réunir au moyen d'une cloison mobile. Les oiseaux jeunes ou souffrants couchaient dans d'autres pièces en compagnie des varlets. Près de là se trouvait la chambre où l'on déposait les leurres, gants, sonnettes et chaperons. Dans une volière on entretenait un grand nombre de pigeons blancs, destinés à ramener l'oiseau qui tentait de dérober ses sonnettes ; dans une autre se trouvaient des cailles, sarcelles, perdrix destinées aux exercices journaliers.

La fauconnerie aujourd'hui ne demande pas tant d'apparat, et en laissant de côté le faste que quelques-uns seulement peuvent encore se permettre, nous arriverons, je l'espère, à faire adopter la chasse du vol par un grand nombre de chasseurs qui, lorsqu'ils l'auront essayée, préféreront à n'en pas douter, ce genre de chasse ; non pas peut-être au point de vue du plus ou moins grand nombre de pièces abattues dans une journée, mais en raison des nombreux agréments et des émotions variées que peut procurer un vol bien dirigé.

De la Fauconnerie

A fauconnerie est l'art de dresser et de gouverner les oiseaux de proie destinés à la chasse.

On donne aussi ce nom à l'équipage, qui comprend les fauconniers, les chevaux et les chiens. La chasse elle-même porte plus particulièrement le nom de *vol*, et c'est dans le chapitre portant ce titre que nous parlerons des différentes chasses qui se font avec des oiseaux.

C'est l'oiseau appelé *faucon* qui a donné le nom à la *fauconnerie*, parce que c'est celui qui sert à un plus grand nombre d'usages. Entre les faucons de même espèce, on remarque des différences qui désignent leur âge et le temps auquel on les a pris.

On appelle *faucons sors*, *passagers* ou *pèlerins*, ceux qui, quoique à leur premier pennage, ont été pris venant de loin, et dont on n'a pas vu l'*aire* ou nid.

Le faucon *niais*, qu'on nomme aussi *faucon royal*, est celui qui a été pris dans son aire ; enfin le faucon appelé *hagard* est celui qui a déjà *mué* lorsqu'on le prend.

Les auteurs qui ont traité de la *fauconnerie* font encore un grand nombre de distinctions, mais qui ne tiennent point à l'art; elles ne font que désigner les pays d'où viennent les faucons, et ce ne sont que différents termes qui expriment à peu près les mêmes choses.

Nous allons maintenant donner une idée des noms de fauconnerie donnés à chaque partie des oiseaux.

Le gros du bec de l'oiseau, tenant à la plume, s'appelle la *couronne du bec ;* le reste de la tête conserve son nom ordinaire, excepté les trous par lesquels il respire, qui se nomment *naseaux.* Le petit bouton qui est dans les *naseaux* s'appelle le *frelon ;* le dessous du bec se nomme les *mâchoires.*

Le gros des ailes de l'oiseau s'appelle *mahuttes ;* les grandes plumes des ailes et de la queue, *pennes ;* encore les distingue-t-on par différents noms. La première est *le cerceau ;* la seconde est *la longue ;* les suivantes, *la tierce, la quarte, la quinte, la sixième, la septième,* et les autres qui sont ensuite, *vanneaux.* Le reste qui couvre le corps, s'appelle *panache,* et le dessous, *duvet.*

Aux oiseaux de *leurre* la queue s'appelle *la queue ;* aux oiseaux de poing, *le balai.*

L'estomac se nomme *la carcasse,* le gésier est dit *la mulette,* le pied s'appelle *la main* et les *doigts ;* les ongles, *serres ;* l'entre-deux des cuisses, *le brayer.*

Des différents Termes de Fauconnerie

A bande de cuir, de hauteur d'un pouce, attachée à chaque jambe de l'oiseau, s'appelle le *jet*, et aussi *porte-sonnettes*, parce que c'est là qu'on les attache. Au bout du *jet* est un double anneau appelé *vervelles*, sur lequel on grave le nom du maître de l'oiseau.

La courroie de cuir que l'on passe dans la vervelle pour attacher l'oiseau sur la perche ou au bloc se nomme *longe*. Cette longe doit avoir environ 0,80 centimètres de long et deux centimètres de largeur, être forte afin que l'oiseau ne puisse la déchirer facilement mais suffisamment souple pour se lier autour de la perche. Ce qu'on leur met à la tête pour leur couvrir les yeux se nomme *chaperon*. Donner à manger à l'oiseau se dit *paître*, et lui donner de l'oiseau qu'il a pris, c'est faire *curée*. Chaque fois que l'oiseau prend de la chair à son bec, cela s'appelle *beccade*. La fiente de l'oiseau se nomme *émeu* ; fienter, c'est *émeutir*.

Donner des pilules à l'oiseau pour le purger ou lui faire avaler du poil ou de la plume, se dit *curer son oiseau*.

On dit : l'oiseau *se perche*, l'oiseau *sur la perche*, *on porte l'oiseau sur le poing*.

Jeter son oiseau, c'est le lâcher après la perdrix, ou tel autre oiseau ou quadrupède que l'on vole.

On dit : les oiseaux *ont battu la perdrix* en tels endroits. Quand l'oiseau a pris la perdrix et la tient dans sa main ou *serre*, l'oiseau a *lié* la perdrix.

Les oiseaux de leurre *se jettent à mont*, les oiseaux de poing *volent poing à fort*. On dit : voilà un oiseau qui va bien à mont ; voilà un oiseau qui soutient bien ; voilà un oiseau qui vient fondre, qui frappe, ou qui donne fort, ou qui frappe bien.

Du vol

On appelle voler, prendre ou poursuivre le gibier avec des oiseaux de proie; *voler à la toise*, c'est lorsque l'oiseau part du poing à tire d'aile, poursuivant la perdrix au courir qu'elle fait de terre.

Voler de poing en fort, c'est quand on jette les oiseaux de poing après le gibier.

Voler d'amont, c'est quand on laisse voler les oiseaux en liberté, afin qu'ils soutiennent les chiens.

Voler en troupe, c'est quand on jette plusieurs oiseaux à la fois.

Voler en rond, c'est quand un oiseau vole en tournant au-dessus de la proie qu'il poursuit.

Voler en long, c'est voler en droite ligne, ce qui arrive lorsque l'oiseau a envie de dérober ses sonnettes.

Voler en pointe, c'est lorsque l'oiseau de proie va d'un vol rapide en s'élevant ou en s'abaissant.

Voler comme un trait, c'est lorsqu'un oiseau vole sans discontinuer.

Voler à reprises, c'est lorsqu'un oiseau se reprend plusieurs fois à voler.

Voler en coupant, c'est lorsque l'oiseau traverse le vent.

Il y a deux espèces de voleries : la HAUTE VOLE-RIE qui est celle du faucon sur le héron, canards, grues, et le gerfaut sur le milan.

La BASSE VOLERIE, de **bas** vol, est le lanier et le laneret ; le tiercelet de faucon exerce la basse volerie ou des champs sur les faisans, les perdrix et les cailles ; l'autour sur le lapin et le lièvre fait aussi partie de la basse volerie.

La chasse du vol est un objet de magnificence et d'apparat beaucoup plus que d'utilité ; on peut en juger par les espèces de gibiers qu'on se propose de prendre dans les vols qu'on estime le plus ; j'en excepterai cependant l'AUTOURSERIE, qui est absolument pratique pour tout propriétaire ayant à sa disposition quelques hectares de prés, plaines ou hautes futaies.

Le premier de tous les vols, et un de ceux qu'on exerce le plus rarement, est celui du milan ; sous ce nom on comprend le milan royal, le milan noir, la buse, etc. Lorsqu'on aperçoit un de ces oiseaux, qui passent ordinairement fort haut, on cherche à le faire descendre en allant jeter le duc à une certaine distance. Le duc, on le sait, est un objet d'aversion pour tous les oiseaux diurnes. Aussi, le milan s'abaisse-t-il pour se rapprocher du duc ; lorsqu'il est à une distance convenable, on jette les oiseaux qui doivent le voler : ces oiseaux sont ordinairement des sacres et des gerfauts. Lorsque le milan se voit attaqué, il s'élève et monte dans toutes les hauteurs; ses ennemis font aussi tous leurs efforts pour gagner le dessus. La scène du combat se passe alors dans une région de l'air si élevée, que souvent les yeux ont peine à y atteindre; le vol du héron se passe à peu près de la même manière que celui du milan: l'un et l'autre sont dangereux pour les oiseaux qui, dans cette chasse, courent quelquefois risque de la vie: ces deux vols ont une primauté d'ordre que leur donnent leur rareté, la force des combattants et le mérite de la difficulté vaincue.

Le vol pour corneille a moins de noblesse et de difficultés que ceux pour le héron et le milan: il offre cependant un grand nombre de péripéties, et c'est un des plus agréables, et peut-être, avec celui de la pie, les seuls possibles aujourd'hui; il est souvent varié dans ses circonstances: il se passe en partie plus près des yeux, et oblige quelquefois les chasseurs à un mouvement qui n'en rend la chasse que plus agréable.

La corneille est un des oiseaux qu'on attire presque sûrement avec le duc; lorsqu'on la juge assez près, on jette les oiseaux; dès qu'elle se sent attaquée, elle s'élève à une grande hauteur: ce sont des faucons qui la volent: ils cherchent à gagner le dessus, et lorsque la corneille s'aperçoit qu'elle va perdre son avantage, on la voit descendre avec une vitesse incroyable, et se jeter dans l'arbre qu'elle trouve le plus à sa portée: alors les faucons restent à planer au-dessus. La corneille n'aurait plus à craindre, si les fauconniers n'allaient pas au secours de leurs oiseaux, mais ils vont à l'arbre, ils forcent la corneille à déserter sa retraite, et à courir de nouveaux dangers; elle ne repart qu'avec peine, elle tente de nouveau et à diverses reprises les ressources de la vitesse et de la ruse; mais si elle succombe enfin, ce n'est qu'après avoir mis plus d'une fois l'une et l'autre en usage pour sa défense.

Le vol pour pie est aussi vif que celui pour corneille, mais il n'a pas autant de noblesse. Ce vol ne se fait guère comme ceux dont nous avons parlé, de *poing en fort*; c'est-à-dire que les oiseaux n'attaquent pas en partant du poing. Ordinairement on les jette en amont, parce qu'on attaque la pie lorsqu'elle est dans un arbre. Les oiseaux étant jetés et s'étant élevés à une certaine hauteur, sont guidés par la voix du fauconnier et rentrent au mouvement du leurre. Lorsqu'on les juge à portée d'attaquer, on se presse de faire partir la pie qui ne cherche à échapper qu'en gagnant les arbres les plus voisins : souvent elle est prise au passage, mais quand elle n'a été que chargée, on a beaucoup de peine à la faire repartir; sa frayeur est telle qu'elle se laisse quelquefois prendre par le chasseur plutôt que de s'exposer à une nouvelle descente de son terrible adversaire.

Outre ces vols, on dresse aussi, pour prendre des perdrix, des cailles, des alouettes, des oiseaux de proie plus petits, tels que l'*émerillon*, le *hobe-*

reau et l'*épervier*. Ce dernier n'appartient pas à la fauconnerie proprement dite, il est, ainsi que l'autour forme (ou femelle) et son tiercelet, du ressort de l'autourserie ; les premiers sont de ceux qu'on nomme *oiseaux de leurre* ; les autres s'appellent *oiseaux de poing*, parce que sans être leurrés ils reviennent sur le poing.

On emploie à peu près les mêmes moyens pour apprivoiser et dresser les uns et les autres, mais on porte presque toujours les derniers sans chaperon. Ils sont plus prompts à partir du poing que les autres. On ne les jette pas en amont, ils ne volent que de poing en fort, et font leur prise d'un seul trait d'aile : pour cette raison ils se fatiguent moins et peuvent prendre plus de gibier. Aussi dit-on que le vol du faucon appartient aux princes, et que celui de l'autour convient mieux aux gentils hommes.

Par le récit des quelques vols que l'on vient de lire et qui sont en partie tirés de divers auteurs, j'ai essayé de démontrer tout l'agrément de la chasse au vol et d'en donner le goût à ceux qui liront ce petit traité, et j'ose espérer qu'il offrira des avantages pratiques à ceux qui désireraient cultiver cet art.

On dresse d'ordinaire les oiseaux de proie à sept vols : le premier se nomme le vol pour le milan ; on emploie généralement à ce vol les sacres et les gerfauts ; ces derniers sont même les meilleurs, ils sont très hardis.

Le second vol est celui pour le héron, c'est le

même que celui pour le milan. Quand on attaque le héron, il faut être dans le vent, et s'il prend motte, on lui jette un *hausse-pied* pour le faire monter, ensuite un *attombisseur* et enfin un *teneur*.

Le troisième vol est celui pour la corneille ; on emploie pour ce vol le faucon et même le tiercelet de gerfaut. Le duc est d'un grand secours pour attirer la corneille, de même que le milan.

Le quatrième vol est pour la pie ; on dresse à ce vol des tiercelets de faucons.

Le cinquième vol est celui pour le lièvre ; on préfère le gerfaut à tout autre oiseau pour ce vol.

Le sixième vol est celui pour les champs. La bonne façon de faire réussir les oiseaux au vol des champs, c'est de les baigner souvent, et de les *jardiner* tous les matins.

Le dernier vol enfin est celui pour rivières.

Manière de se procurer des Oiseaux

Il y a trois manières de se procurer des faucons ou autres oiseaux de proie.

1° En les achetant tout dressés

2° En les élevant après les avoir pris dans *l'aire*.

3° En les prenant au filet aux époques de passage.

On peut encore aujourd'hui se procurer des oiseaux dressés, en *Russie*, en *Afrique*, en *Angleterre*, en *Hollande* et en *France*.

En Angleterre, chez *M. Edouard Duryer, Thurles — Comté Tifferary — Irlande*, qui a été il y a quelques années au service de M. Paul-Gervais.

En Hollande, chez *M. Mollen, ancien fauconnier du roi de Hollande* et qui tous les ans, avec l'aide de ses fils, prend encore un grand nombre de *passagers* et autres oiseaux de proie.

Il n'y a qu'à écrire aux fauconniers ci-dessus nommés et ils procureront d'après les demandes, soit

des oiseaux passagers et simplement dressés à la
perche, soit des oiseaux dressés seulement à venir au poing, et dont le dressage est encore in-
complet, soit encore des oiseaux dressés au vif
et prenant proie.

Je vais maintenant donner le moyen de se procurer soi-même les espèces les plus répandues, telles
que le faucon *gentil* ou *pèlerin*, le *lanier*, le *hobereau*,
l'*émerillon*, l'*autour*, l'*épervier*, etc. Je crois cependant devoir signaler auparavant les différents endroits où se trouvent ces oiseaux et l'époque de leur
passage.

Le faucon pèlerin ou gentil se prend depuis le
mois de septembre jusqu'en avril; il est commun
en France et se rencontre dans toutes les parties
montagneuses; il se reproduit en France : en Pro-
vence, dans les Hautes-Pyrénées et dans les falaises
des côtes de Normandie.

Le lanier se prend aux mois d'août et septembre;
il nous vient de Dalmatie, de Grèce et d'Egypte.

Le hobereau se prend de septembre à avril; il
est très commun dans toute la France et l'habite
toute l'année; sa proie préférée est l'alouette, mais
il attaque fort bien de plus gros gibiers, tels que
la grive, la bécassine, la tourterelle, la caille, le
perdreau et voire même le pigeon. On le rencontre
également dans toute l'Europe, en Afrique et en
Allemagne.

L'émerillon se prend aux mois de septembre et
d'octobre, ainsi qu'en mars et avril; pendant l'été il
est très répandu dans tout le nord de la France;
en hiver il gagne des contrées moins froides.

L'autour se rencontre dans presque toute l'Europe : en France, en Suisse, en Allemagne et en Russie ; les bois de sapins sont ceux qu'il choisit de préférence ; tous ceux que j'ai possédés venaient cependant de Normandie. Se servir d'autours *hagards* ne vaut rien, il est préférable de les avoir *niais* ou *branchiers*.

L'épervier se rencontre dans toute l'Europe, il est sédentaire en France. C'est un oiseau très courageux et facile à affaiter.

On peut également se procurer éperviers et autres falquets aux marchés aux oiseaux.

Je vais maintenant revenir aux différents pièges au moyen desquels on peut s'emparer de ces divers oiseaux.

La plupart des oiseaux de proie ont les mêmes habitudes et donnent dans les mêmes pièges, et je crois devoir commencer par dire que je suis de l'avis qu'il faut du vif pour s'en emparer ; et si quelques rares exemples ont prouvé que le faucon se précipitait sur une proie morte, ce ne peut être qu'aiguillonné par la faim ; et je doute que l'on puisse jamais s'emparer d'un faucon bien portant dans de semblables conditions.

Je vais emprunter à MM. Chenu et des Murs la description d'un piège pour prendre les faucons passagers.

« On peut prendre les faucons de passage à l'aide du filet à alouettes, et voici dans quelles conditions cette chasse se fait avec succès Faisons d'abord observer que les faucons éducables, *nobles*, ne chassent que les animaux qui volent ou courent, et ne s'élancent pas sur une proie immobile, comme les oiseaux dits *ignobles*, et qu'on ne peut dresser à la chasse. L'oiseleur tend son filet comme pour toute autre chasse, mais il se cache avec grand soin et à distance, sous une cabane de feuillage. Au centre de l'espace libre qui sépare les deux panneaux du filet, il a placé une petite poulie montée sur un pieu, solidement et presque complètement enfoncé en terre. Dans cette poulie se trouve engagée une ficelle, longue de trois fois la distance de la poulie au chasseur. Les deux bouts et un tiers de la longueur supérieure de cette ficelle sont dans la cabane. Au tiers environ de la longueur de la ficelle et à son chef supérieur, l'oiseleur attache par les pattes un pigeon vivant, et le retient dans un panier jusqu'au moment où il faudra le laisser voler. A un mètre environ en avant de la cabane, on plante un petit perchoir, haut de cinquante ou soixante centimètres, et sur lequel un hibou, ou tout autre rapace nocturne, est attaché par une patte de manière à ne pouvoir voler. »

Je ne partage pas cette opinion ; je crois que le hibou n'est bon qu'à attirer de petites espèces, et que dans le cas présent le hibou doit être remplacé par un *grand-duc*.

Je remplacerai donc dans la suite le mot hibou par *grand-duc*.

« Ce grand-duc n'est nécessaire qu'autant que les faucons sont rares, et passent assez haut pour

ne pas être facilement aperçus par le chasseur (1),
qui, dans ce cas, est prévenu de la présence d'un
faucon par les mouvements inquiets du grand-duc;
ce dernier baisse la tête et tourne l'œil vers le ciel.

» L'oiseleur lâche alors le pigeon, qui vole au-
dessus du filet et qu'il fait descendre en tirant le
chef inférieur de la ficelle. Le faucon l'a aperçu
et décrit de grands cercles en se rapprochant de
terre. Mais comme il dédaigne une proie immobile,
et que le pigeon l'aperçoit aussi et n'ose voler, le
chasseur retire ce dernier jusque dans la cabane,
à l'aide de la ficelle dont les deux extrémités restent fixées sous sa main, et dont deux tiers seulement de la longueur sont en mouvement, soit en
avant, soit en retraite. Le faucon s'est sensiblement
rapproché de terre, il aperçoit le grand duc, il attend le pigeon; l'oiseleur saisit alors ce moment,
et lâche une seconde fois le pigeon. Le faucon fond
sur la victime et la saisit; l'oiseleur a retiré le
chef inférieur de la ficelle et fait descendre le pigeon
presque jusqu'à la poulie, et n'a plus qu'à faire

(1) Comme le faucon est quelquefois si élevé qu'il échap-
perait aux regards du chasseur, ce dernier peut aussi
être averti du passage d'un faucon par une pie-grièche,
qui est retenue captive près de la cabane à l'aide d'une
ficelle attachée au corset. Ce petit oiseau, par ses mouvements et son genre d'agitation, indique l'espèce d'oiseau
de proie qui passe. Est-ce une buse ou tout autre ennemi
lourd et peu dangereux, la pie-grièche ne se remue qu'assez mollement; mais si elle cherche à se précipiter dans
la loge et à s'y cacher, elle annonce, par cette démons-
tration, un oiseau d'un genre noble (*Sonnini*).

jouer les panneaux du filet pour couvrir le faucon, qui ne lâche pas sa proie. »

Le filet dont on vient de se servir porte le nom de *tombereau*.

Voici maintenant un autre moyen.

On plante dans un lieu de passage un filet de soie ou de fil de lin, mais fort, vert ou bleu, fait en forme de toile d'araignée. On l'appuie et on le tourne autour de quatre perches ; ce filet doit être en carré de huit mètres sur toutes les faces, en forme de tente ; on met au milieu un pigeon blanc que l'on fait mouvoir de temps à autre. Ce filet se nomme *araignée*.

Je crois surtout pouvoir recommander ce filet pour prendre le faucon *hobereau* et l'*épervier* ; avec la seule différence qu'aux lieu et place du pigeon blanc, on place une quantité de petits oiseaux affamés, renfermés dans une *nasse* de fil, principalement de jeunes moineaux ; on peut aussi tenir ces petits oiseaux liés à un baliveau qui soit avec ses branches effeuillées pour que l'épervier les puisse mieux voir ; celui-ci se jetant sur sa proie avec furie, reste empêtré par la tête et les pieds ; on l'ôte du filet, on lui lie les ailes avec une ficelle et on les lui enveloppe d'une toile, qu'on tend de façon qu'il ne puisse ni voltiger ni se débattre.

Belon, dans ses observations, décrit une chasse d'éperviers à pinçons, peu différente de celle-ci, qu'il a vue dans le Levant, et qui se trouve rapportée dans les ouvrages d'Aldrovande, au chapitre de l'épervier.

Un autre moyen, avec lequel j'ai pris éperviers, crécerelles, hobereaux et pies-grièches, consiste à prendre un filet nommé *tramail*, et dans le midi de la France *iragnon*. On se sert beaucoup de l'iragnon pour prendre des grives. Il y en a de toutes dimensions; la plus grande taille est la meilleure.

L'iragnon est un filet composé de trois rangs de mailles, les unes devant les autres, dont celles de devant et de derrière sont fort larges, et faites de soie verte, la toile du milieu, qui s'appelle la *nappe*, est également faite de soie verte.

Le moyen que j'indique donne de très bons résultats pour s'emparer des pères et mères des *aires* que l'on a pu découvrir.

Prenez d'abord les niais et leur aire, mettez-les soit dans une cage d'osier, soit dans une volière, attachez la cage d'osier à environ 1^m50 de terre, sur un arbre voisin, puis surveillez, en ayant soin de vous tenir caché et à grande distance, si père ou mère s'occupent de leurs petits; au bout de deux ou trois jours, tendez entre les arbres un, deux, trois et même quatre *iragnons*, sur le passage parcouru par les parents pour nourrir leurs petits. Vous aurez de cette façon des oiseaux ayant déjà volé pour eux, ils seront un peu plus difficiles à affaiter, mais ils seront bien meilleurs.

Les Arabes se servent d'un autre moyen également fort simple pour capturer le faucon. Ils prennent un pigeon, blanc de préférence, ils attachent ce pigeon par les deux pattes au moyen d'un nœud coulant à chaque patte; ces deux *jets* forment fourche et se réunissent à une filière d'une grande longueur. Ils prennent ensuite une corde de moyenne grosseur sur laquelle ils fixent un grand nombre de collets de cordes très minces, ou de crins; ils entortillent alors ce piège plusieurs fois autour du corps de leur pigeon, en ayant bien soin de laisser aux ailes toute liberté.

Lorsque le passage d'un faucon leur est signalé par le duc, ils lancent le pigeon; le faucon l'aperçoit, et décrivant de grands cercles, se rapproche rapidement et fond sur la proie qui s'offre à lui.

Les mouvements divers qu'il exécute alors sur le corps de sa victime après l'avoir liée, font que lui-même se prend les mains dans les divers lacets qui enveloppent le pigeon; les chasseurs peuvent alors en approcher sans crainte et s'en emparer.

Pour se procurer les fauconneaux nécessaires à la volerie, nous allons aussi en France explorer et sonder les falaises d'Etretat ou des autres côtes normandes; au Tyrol, on se contente d'explorer les gorges profondes de la montagne.

La première opération du chasseur consiste à choisir une pierre surplombante qui permette de laisser filer une corde le long des rochers; au bout de cette corde s'attache un des explorateurs, qui se tient éloigné des arêtes coupantes avec un long et solide croc de fer. C'est ainsi que peu à peu le chasseur visite les trous et anfractuosités des roches, et constate l'avancement des couvées. Il revient alors s'en emparer au moment où les oiseaux sont bons.

OBJETS NÉCESSAIRES AU FAUCONNIER

1º Le Perchoir — 2º Le Panier — 3º Le Bassin — 4º Le Perchoir démonté.

Des objets nécessaires en Fauconnerie

Premièrement une chambre bien aérée ; 2° le perchoir ; 3° la vervelle ; 4° les jets ; 5° la longe ; 6° le chaperon ; 7° deux blocs, un de pierre ou de bois, l'autre de terre recouvert de gazon ; 8° le panier pour transporter l'oiseau ; 9° le bassin pour lui faire prendre le bain ; 10° la fauconnière ; 11° la filière ; 12° le leurre ; 13° les sonnettes ; 14° le gant ; 15° l'anneau.

Le *perchoir* est un support préparé pour recevoir les oiseaux ; la grosseur de la perche doit être en proportion de la grosseur des mains de l'oiseau ; il faut que les avillons puissent presque se joindre avec les ongles des doigts ; il faut avoir soin d'entourer la perche sur laquelle reposent les oiseaux, de plus cette toile après avoir recouvert la perche doit être assez longue pour tomber au-dessous de la perche d'environ 0^m60 c. On peut remplacer la toile par un morceau de tapis ou tout autre chose. Mais c'est indispensable afin d'empêcher l'oiseau de faire le tour de la perche en se débattant.

Vervelles : C'est le double anneau qu'on attache à l'extrémité des jets.

Les *jets* sont deux parties de cuir mince et souple que l'on attache au moyen d'un nœud bouclé autour des jambes de l'oiseau. Chaque cuir doit avoir de dix à douze centimètres de longueur; on peut du reste se procurer tous objets appartenant à la fauconnerie à la maison Penot, à Paris, rue des Petits-Champs, 87. Les jets servent à maintenir l'oiseau sur le poing quand on est en chasse et qu'on ne veut pas le laisser voler.

Longe : La longe est une lanière de cuir d'environ 0^{m}80 c. que l'on passe dans l'anneau inférieur de la vervelle et qui sert à attacher l'oiseau à la perche ou au bloc.

Chaperon : Le chaperon est un morceau de cuir dont on couvre la tête des oiseaux de leurre. Les chaperons sont marqués par points, depuis un jusqu'à quatre ; le premier d'un point est pour le tiercelet de faucon.

L'oiseau chaperonné monte plus haut et part avec plus de rapidité que celui qui ne l'est pas.

Bloc : C'est un pied massif de pierre ou bois, ayant environ 0^{m}30 c. de hauteur, et formant au sommet une petite plate-forme sur laquelle se perche l'oiseau. On peut recouvrir certains blocs par exemple de drap, et d'autres de gazon.

Panier : Pour faire voyager les oiseaux, ils

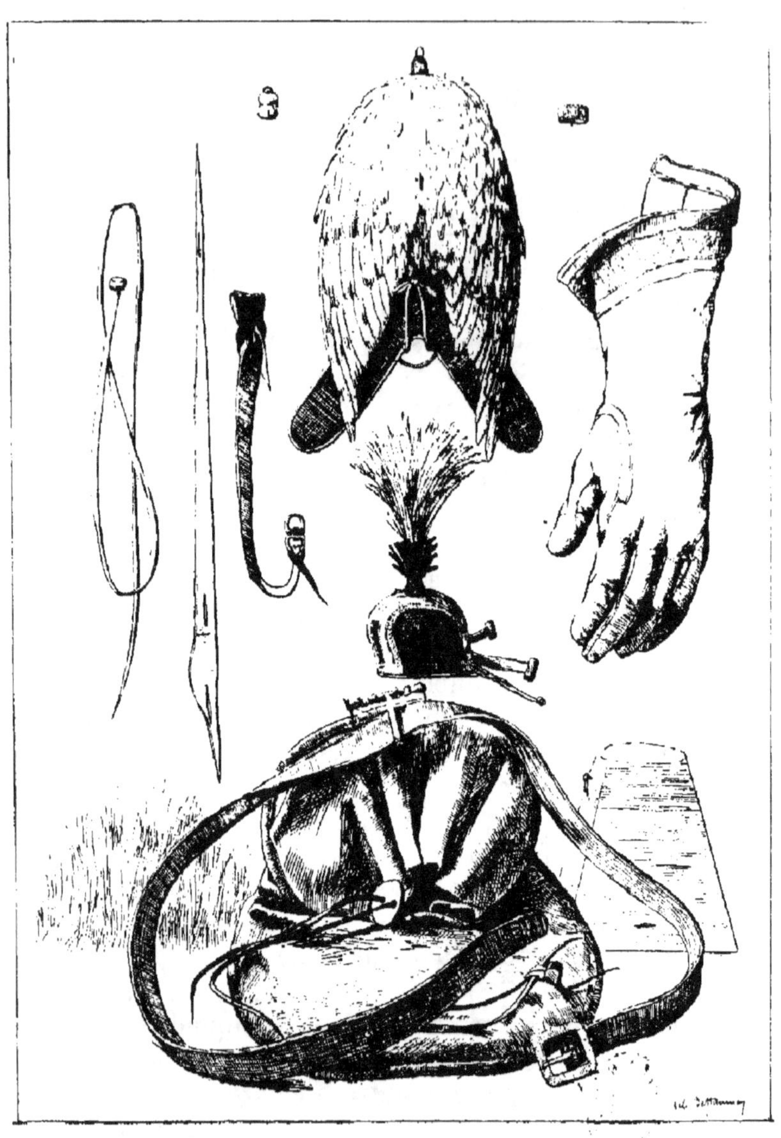

ORJETS NÉCESSAIRES AU FAUCONNIER

1° Filière — 2° Longe — 3° Jet — 4° Sonnette — 5° Leurre — 6° Vervelle —
7° Gant — 8° Chaperon — 9° Bloc gazonné — 10° Fauconnière — 11° Bloc en bois.

doivent avoir chacun un panier séparé. Pour l'autour, par exemple, il faut un panier de 0^m70 c. de diamètre sur environ 0^m50 c. de hauteur. Pour l'épervier et autres oiseaux de moindre dimension, le panier sera proportionné à la taille de l'oiseau.

Ce panier sera en osier à claire-voie afin de le rendre plus léger et doublé sur toutes ses faces intérieures d'une toile forte et a grain suffisamment fort pour laisser passer l'air sans donner de jour.

Pour sortir l'oiseau du panier, entr'ouvrez le couvercle sur le milieu duquel il y aura une poignée de cuir, et passez la main dans l'entre-bâillement ; allant avec précaution, prenez l'oiseau par les jets, maintenez-les fermes dans la main, et découvrez alors promptement en élevant le poing. Aussitôt sorti du panier, il faut placer l'oiseau sur la perche, afin qu'il puisse s'éplucher et se secouer. Lorsque vous posez l'oiseau sur la perche, ayez soin de ne jamais le laisser quitter votre poing de lui-même, soit en sautant, soit en volant. Il faut pour ce faire, élever le poing au-dessus de la perche et poser l'oiseau en arrière, car il doit toujours avoir la tête tournée de votre côté.

La *fauconnière* est un sac à deux poches ; l'une est destinée à recevoir les chaperons, vervelles, longes, filières, etc... ; dans l'autre il doit toujours y avoir tout préparé, un pigeon vivant ayant à chaque patte un jet de corde. Ce pigeon est destiné à servir de rappel à l'oiseau qui tenterait de *dérober ses sonnettes*, ou à l'autour qui refuserait trop longtemps de revenir sur le poing en restant dans les arbres.

La filière : La filière est une ficelle variant comme longueur de 20 à 150 mètres ; on l'attache après la vervelle pendant qu'on réclame l'oiseau jusqu'à ce qu'il soit bien assuré. On l'appelle aussi *créance* ou *tiens-le bien*, parce que si on le lâchait, il pourrait dérober ses sonnettes. La filière sert également à attacher le vif que l'on veut faire prendre avec certitude à un oiseau au dressage.

Le leurre : C'est une représentation de proie, un morceau de cuir rembourré et garni d'ailes et de pattes de pigeons. A la partie supérieure du leurre se trouve un anneau destiné à l'accrocher et à l'attacher à la filière ; il doit également y avoir quelques rubans de quelques centimètres, rouges autant que possible, qui serviront à attacher un petit morceau de viande sur le leurre.

Les sonnettes : C'est un grelot que l'on attache au tarse de l'oiseau afin de le retrouver facilement; on peut mettre une ou deux sonnettes, elles sont d'une grande utilité pour l'autour qui, s'il manque le lapin en futaie, se perche : il faut que la sonnette soit sonore et légère.

Le gant doit être à doigts et à manchette montant jusqu'à mi-coude; on peut le faire de daim ou de cuir souple.

Anneau : Le cercle de métal sur lequel est gravé le nom du maître. On se sert aujourd'hui comme vervelle, de deux anneaux superposés l'un au-dessus de l'autre et rivés, mais conservant cependant assez de jeu pour pouvoir se mouvoir indépendamment l'un de l'autre. On attache les jets dans l'anneau supérieur, l'anneau inférieur sert à passer la longe.

Des Oiseaux pris dans l'Aire

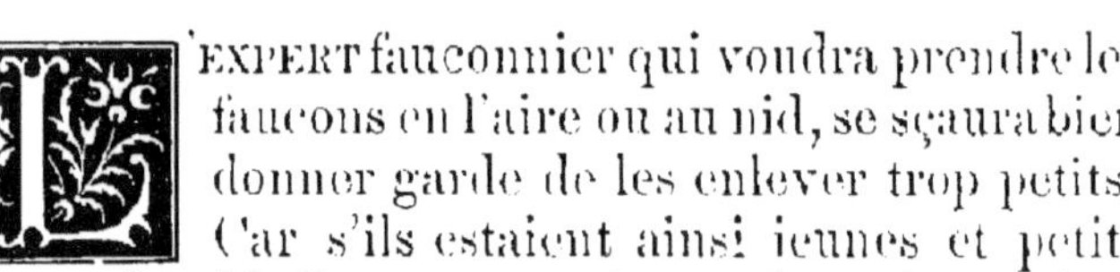

'EXPERT fauconnier qui voudra prendre les
faucons en l'aire ou au nid, se sçaura bien
donner garde de les enlever trop petits.
Car s'ils estaient ainsi ieunes et petits
leuez du nid, ils ne pourraient puis après sentir si
peu de froid, qu'ils ne prinssent un mal de reins
tel, qu'ils ne se pourraient soustenir sur les pieds,
et tomberaient en grand péril de mort. Et psource
ne doit-il les leuer de l'aire, sinon tant grands et
tant sors, qu'ils puissent bien résister au froid, et se
soustenir sur les pieds. Et le doit-on soudain mettre
sur perche ou billot de bois, afin qu'ils puissent
mieux tenir et mener leur pennage, sans le dégaster
et froisser contre la terre. Nommément doivent être
puz de chairs bonnes, fraisches et viues, tant qu'on
en pourra reconurer car c'est le seur et certain moyen
de leur faire auoir beau pennage, si dit maistre
Michelin, que pour bien gouuerner un faucon niais,
et le garder de ce mal de reins, il faut mettre des-
soubs luy en la forme d'une herbe qui resemble
à du seuz, ayant graine noire, qui vulgairement

est nommée Hieble pour ce qu'elle est chaude de
sa nature : et au surplus est fort souveraine contre
le mal de goutte et de reins qui pourrait par
délicatesse ou froidure advenir à ces oiseaux qui
sont pris ieunes en l'aire ou au nid.

(JEAN DE FRANCHIÈRES.)

On observera donc quand on tirera les oiseaux de
l'aire qu'ils soient presque entièrement noirs, qu'ils
n'aient poussé que la moitié de leur queue, et
qu'il ne leur reste plus qu'un léger duvet sur la
tête, ce qui arrive en général six semaines après
leur éclosion ; plus on attendra, mieux cela vau-
dra, m'appuyant en cela sur un fait déjà reconnu
et sur ma propre expérience, je dirai que l'oiseau
niais est beaucoup plus facile à dresser.

De l'aire, on les transporte dans la chambre qui
leur est destinée ; cette chambre doit être assez
grande, et bien aérée et de préférence ayant deux
fenêtres, l'une au levant, l'autre au couchant ;
cette exposition n'est cependant pas indispensable. Chaque fenêtre doit être garnie à l'extérieur
d'un filet bien tendu, ce qui permet alors une
aération facile sans empêcher les rayons du soleil
de venir réjouir les faucons. Sur l'appui des fenêtres et dans d'autres endroits de la chambre, on
mettra des petits blocs garnis de gazon afin que
les oiseaux puissent s'y reposer. Je conseillerais
cependant de laisser quelques blocs, soit de pierre,
soit de bois absolument dégarnis, afin de laisser
aux oiseaux le choix d'un percher frais ou sec.

On place ensuite au milieu de la pièce un baquet d'eau toujours fraîche, au fond et autour duquel on aura soin de répandre du sable de rivière et de petits cailloux.

Il ne faut jamais, ou pour mieux dire le moins que l'on pourra, changer l'heure des repas des oiseaux. On leur fera prendre le premier repas vers 7 heures du matin et le second vers 5 heures du soir. Si jeunes qu'ils soient, il faut les habituer à venir prendre leur repas sur le poing, même sans les sortir de la chambre. Je ne crois pas que dans cette chambre d'élèves, il faille mettre de perchoirs autres que les blocs, car si quelquefois, ce qu'il faut faire de temps à autre, vous faites manger l'oiseau à terre, il se pourrait qu'après avoir ravi un morceau de chair, il tentât de se percher pour paître, je ne dirai pas plus à l'aise, mais plus isolé, ce qui pourrait devenir pour lui le commencement d'une mauvaise habitude. Il faut le moins possible donner aux oiseaux occasion de faire des fautes, et c'est pour cette raison que je préfère aux perchoirs, les blocs, à ce moment.

L'oiseau pris à l'aire a donc environ six semaines à deux mois, encore un mois de chambre et il faudra commencer l'affaitage.

Pour les branchiers, au contraire, sitôt qu'on les apporte à la fauconnerie, il faut : 1° mettre les jets ; 2° les mettre dans un endroit un peu obscur attachés sur la perche ; 3° les faire porter pour le moins une heure le matin et une heure le soir ; 4° leur faire toujours prendre leur repas du matin sur le poing deux fois par jour pendant environ quinze jours, puis leur diminuer peu à peu la gorge du soir, jusqu'à n'en arriver plus qu'à une ou deux beccades pour ce repas.

Pour l'épervier je ferai une remarque particulière : c'est que jeune il doit être tous les jours très fortement nourri, et qu'en tout temps il doit avoir du vif.

Maintenant que nous connaissons les moyens d'avoir des oiseaux, *niais*, *branchiers* ou *sors*, il faut savoir les conserver ; aussi traiterai-je dans le chapitre suivant de la nourriture des oiseaux.

Les gardes peuvent procurer des éperviers, car ils se prennent fréquemment sous les mues tendues et destinées à la reprise du faisan

De la nourriture des Faucons en général

EN hiver, il faut donner aux oiseaux des viandes plus nourrissantes, et de plus légères en été. Maître Malopin nous apprend qu'il faut surtout se garder de donner trop grosse gorge aux oiseaux ; et j'ajouterai que l'hygiène est aussi nécessaire à l'oiseau que la nourriture ; c'est pourquoi je recommanderai tout particulièrement : 1° de le faire tirer ; 2° de l'essuyer quand il est mouillé ou de l'exposer au soleil; 3° de lui faire prendre en même temps que son *pât*, et cela au moins tous les deux jours, du poil de lapin par exemple ou de la plume de pigeon ou autres oiseaux ; 4° de le baigner fréquemment.

Le poulet soutient l'oiseau et le nourrit suffisamment; le pigeon est bon de temps en temps, cependant c'est une viande trop chaude, trop nourrissante qui lui ôte l'appétit et le rend fier. L'oiseau de rivière est aussi une viande trop nourrissante.

La perdrix est une viande douce et bonne ; elle maintient l'oiseau en bonne santé

La corneille, la pie, le geai et le merle sont des viandes aigres et de mauvaise digestion.

Le merle est le moins malfaisant ; le chat-huant et l'alouette sont de très bonnes viandes.

L'alouette et le pigeon ramier ou domestique sont des viandes fort nourrissantes, et doivent être, de préférence, données aux oiseaux pendant la mue.

La poule, le perdreau et la tourterelle sont d'excellentes viandes légères et bien passantes.

Le lièvre peut se donner, mais, à la longue, amaigrit l'oiseau.

Le lapin est une viande légère, dont il faut donner à l'oiseau quand il fait de mauvais *émeux* ; le mulot rouge des champs, le rat, la souris sont aussi de bonnes viandes.

La viande de boucherie, bœuf ou mouton, est, en général, une mauvaise nourriture dont il faut user le moins possible.

Il ne faut pas laisser les oiseaux trop longtemps sans manger, ils mangent alors avec trop d'avidité et font de mauvaises digestions.

Il est nécessaire, cependant, au moins une fois par semaine, de donner aux oiseaux un *pât* de viande hachée et mouillée, surtout lorsqu'on les nourrit un peu fort.

D'après Maître C. de Morais, chevalier, Seigneur de Fortille, ci-devant chef du Héron de la grande fauconnerie, il faut qu'un bon fauconnier ait sa chambre à part, dans laquelle il y ait un billot et un couperet pour hacher la viande à ses oiseaux.

De la nourriture de l'Autour

On ne les chargera pas d'aliments et on aura grand soin de ne pas leur donner trop forte gorge. Ne pas leur donner de nouveaux aliments avant que les premiers ne soient digérés, et si l'oiseau prend son *pât* contre son gré, il faut le lui faire rendre. On prend à cet effet quinze grains de poivre, on les rompt en deux, on les enveloppe dans un morceau de peau de poule, et on les lui fait avaler. C'est par ce moyen que l'oiseau rendra son *pât* sans danger.

Quand les oiseaux sont dégoûtés, cela annonce chez eux quelque maladie prête à se déclarer ; on leur présente alors le bain et on les pait avec des morceaux de chair détrempés dans de l'eau de chiendent ou de chicorée.

La nourriture de l'autour doit être souvent variée, tantôt du mouton, du bœuf trempé dans l'eau fraîche en été et dans l'eau tiède en hiver, le lapin lui est excellent et est en même temps une viande légère. De temps en temps il est bon de lui faire prendre et manger un pigeon, mais il ne faut pas en abuser, c'est une viande trop échauffante ; il faut autant que possible n'en user que pendant la mue et en hiver par les froids rigoureux.

L'autour, au reste, est l'oiseau le plus facile à nourrir, car on peut lui donner à manger n'importe quelle espèce de viande ; pas de corbeau, par exemple, mais bien de la corneille, pies, geais, tourterelles, éperviers, buses, crécerelles et autres oiseaux de proie. Toutes ces viandes sont excellentes pour sa nourriture.

L'appréciation de la quantité de nourriture à donner à chaque oiseau dépend du caractère et de la nature de chacun ; c'est du reste une chose fort difficile, mais aussi d'une grande importance de bien savoir régler les oiseaux. Exemple :

Pour un autour forme de moyenne force : Lorsque l'oiseau a mangé, en lui tâtant légèrement la gorge avec la main, la gorge doit représenter à peu près la grosseur d'un œuf de poule comme demi-gorge ordinaire, et atteindre la grosseur d'un œuf de dinde comme bonne gorge ordinaire.

Maître Aymé Cassian dit qu'il a vu et connu assez de fauconniers qui jamais ne laissaient tirer leurs oiseaux. Toutefois il est d'opinion contraire et soutient que, en tant que l'oiseau prend exercice à tirer raisonnablement, il est plus sain de corps et plus léger de tête.

Si votre oiseau manque d'appétit et a difficulté à émeutir, il suffit de lui faire prendre, enveloppé dans de la viande, deux ou trois petits morceaux de sucre et ne lui donner que très petite gorge.

De la nourriture de l'Épervier et du Hobereau

Oiseaux, lapereaux, rats, souris, taupes, pigeons et grenouilles sont une nourriture excellente pour éperviers et hobereaux. Il faut les paître deux fois par jour, mais seulement une fois la veille du jour où l'on veut les faire voler. Car, je le répète, l'épervier et le hobereau ont besoin d'être très fortement nourris, surtout si l'on veut pouvoir les conserver l'hiver. Il ne faut jamais faire venir un oiseau, quel qu'il soit, sur le poing inutilement, c'est-à-dire sans avoir un peu de viande à lui offrir en récompense de son obéissance.

Maintenant que nous savons comment on prend les oiseaux et comment il faut les nourrir, il serait bon, je crois, avant de passer à la manière de les affaiter, d'apprendre un peu à connaître les oiseaux, ainsi que les qualités et dispositions de chacun d'eux.

Le Pèlerin ou Gentil

———

E faucon dit pèlerin est naturellement vaillant, hardi et de bonne affaire, et est très courtois à son maître. Ce faucon est dit pèlerin parce qu'il est de passage, et va de région en autre comme fait un pèlerinage. Cet oiseau se prend tous les ans vers le mois de septembre, époque de son passage dans nos contrées. Le faucon pèlerin peut aisément s'oiseler au héron, à l'oie sauvage, aux outardes, aux perdrix et à toutes manières d'oiseaux. Car, de sa nature, il est prompt et propre à tout faire, docile et aisé à apprendre. Il est bon héronnier dessus et dessous; que celui gentil soit pris niais pour mettre à la grue, car s'il n'était niais il ne serait pas si hardi; parce que venant du nid, il n'a jamais rien connu. A cette cause, si vous l'oiselez premièrement sur la grue, il en sera plus vaillant et deviendra fort bon gruyer, parce qu'auparavant il n'avait pas vu d'autre oiseau.

(JEAN DE FRANCHIÈRES.)

« Moustaches larges et longues; pieds robustes, jaunes, vêtus seulement dans le tiers supérieur; doigt médian sensiblement plus long que le tarse; queue ne dépassant pas le bout des ailes; première rémige plus longue que la troisième.

» Taille : 0^m38 le mâle, 0^m46 la femelle. Le mâle adulte a les parties supérieures d'un cendré bleuâtre plus foncé à la tête, à la nuque, avec les tiges des plumes et des bandes transversales noires sur le dos, les scapulaires et les sus-caudales, gorge, devant et côtés du cou blancs; poitrine blanc roussâtre tirant sur le rouge, marquée de petites stries longitudinales noires; abdomen, culotte et sous-caudales rayés en travers de brun noir sur un fond cendré; les raies plus larges et plus foncées aux flancs et au milieu du ventre; joues noires; larges moustaches de cette couleur se prolongeant sur les côtés du cou; couvertures alaires semblables au manteau; rémiges d'un brun nuancé de cendré noirâtre, terminées par un léger liseré cendré clair; queue cendré bleuâtre; iris brun; paupières, cire et pieds jaunes.

» La femelle, beaucoup plus forte que le mâle, est plus brune en dessus, avec les taches et la couleur roussâtre de la poitrine plus étendues.

» Les jeunes de l'année ont les plumes des parties supérieures brunes bordées de roussâtre; celles des parties inférieures plus ou moins rousses, tachetées longitudinalement de brunâtre; queue barrée et terminée de roussâtre; iris brun plus foncé que dans les adultes. A l'automne de l'année suivante, la livrée change : c'est la première mue ; on compte généralement l'âge d'un oiseau par mues ; ainsi l'on dit : il a deux mues, trois mues, quatre mues, et ainsi de suite. On trouve pendant la mue des individus avec des plumes de jeune âge et des plumes nouvelles de l'état adulte. Après la mue, les plumes sont brunes en dessus, et bordées d'une teinte plus claire grisâtre ; d'un blanc plus ou moins nuancé de roussâtre en dessous, avec des taches brunes en larmes sur la poitrine, arrondies ou semi-lunaires sur l'abdomen, en barres sur les flancs, et en fer de lance sur le bas-ventre et les jambes. » (Chexu.)

Le Tartaret

« Le faucon dit tartaret est un oiseau qui n'est pas commun par tous pays, il est de passage aussi bien que le pèlerin. Ce faucon est bien empiété et a de longs doigts. Aucuns disent que ce sont pèlerins, d'autre espèce, et de fait les tartarets sont bien peu différents de ceux que l'on appelle pèlerins. Tant est que tartarets sont oiseaux bien volants et hardis à toutes manières d'oiseaux et se peuvent oiseler et aduire à tout ce qui a été dit du pèlerin. Or faites le tartaret et pareillement le pèlerin, leurrer et voler pour tout le mois de mai et le mois de juin ; car ils sont tardifs en leur mue : mais aussi, quand ils commencent à muer, ils se dépouillent promptement.

» Ce faucon se dit tartaret de Barbarie, parce que communément il fait son passage par le pays de Barbarie où il s'en prend plus grand nombre qu'en aucune autre contrée ; comme sont aussi pris les faucons pèlerins aux îles de Chypre, Candie, Rhodes et autres îles de l'archipel. Néanmoins en la dite île de Candie sont en plus grand et fréquent usage les pèlerins et tartarets qu'en tous les autres pays. Parce que les nobles candiots les font et aduisent plus à la grue qu'à aucuns autres oiseaux. De fait, là, plus qu'en autre lieu, se trouvent tartarets et pèlerins singulièrement bons et adroits ». (JEAN DE FRANCHIÈRES.)

Le Gerfaut

« Le faucon dit gerfaut est un faucon de grande force et de rare puissance ; singulièrement bon oiseau, spécialement après qu'il a mué. Le gerfaut est bien empiété et a longs doigts et les serres fortes. Il est fin et hardi de sa nature ; et d'autant en est-il plus fort à faire. Car il veut avoir la main douce et le maître débonnaire. Ce faucon fait ses petits en Suède et en Norvège, en Prusse et en Danemark. Mais communément il se prend aux confins de l'Allemagne en faisant son passage. Le gerfaut de sa nature est propre à tout vol : et vous pouvez l'oiseler et le mettre à toutes manières d'oiseaux de rivières et de champs, comme il a été dit du pèlerin et du tartaret. »
(JEAN DE FRANCHIÈRES.)

« Tarses vêtus dans leur moitié supérieure ; l'autre moitié et doigts jaune verdâtre ; moustaches très petites ; fond du plumage brun bleuâtre en dessus, blanc en dessous, tacheté au ventre et rayé sur les flancs et les sous-caudales, taille : 0ᵐ50 à 0ᵐ55.

» Le faucon gerfaut mâle adulte est brun en dessus, nuancé de cendré au croupion et aux sus-caudales, avec les plumes bordées étroitement de blanc roussâtre à la tête, et de blanchâtre au cou, au dos, sur les ailes ; blanc en dessous, avec un peu de roussâtre et des raies longitudinales brunes sur le bas du cou ; des taches noirâtres à la poitrine et à l'abdomen, formant, par leur réunion, des raies transversales sur les flancs seulement ; sous-caudales traversées de bandes brunes ; moustaches peu étendues ; bec cendré bleuâtre, avec la pointe noire ; pieds d'un jaune verdâtre. »

(CHENU.)

Le Sacre

« Le faucon dit sacre est un faucon assez grand et plus grand que le faucon pèlerin ; toutefois il est laid de pennage et court empiété. Mais il est de grande force et hardi à toutes manières de volerie, autant et plus que le pèlerin et le tartaret. Maître Malopin dit que le sacre est oiseau de passage et qu'il vient de Russie et de Tartarie. Le sacre est plus enclin de sa nature pour la volerie des champs comme pour l'oie sauvage, butors, faisans, perdrix et lièvres. Pour la rivière le sarret est meilleur que le sacre forme. Moustaches très étroites, presque nulles ; queue longue ; pieds bleuâtres ; doigt médian plus court que le tarse ; des taches blanches, ovoïdes et rondes à la queue.

» Taille : 0ᵐ50 le mâle ; 0ᵐ53 la femelle.

» Le faucon sacre mâle adulte a le sommet de la tête roux clair, avec des taches longitudinales et oblongues brunes ; dessus du cou et du corps d'un brun cendré, avec toutes les plumes frangées de roux clair ; dessus du corps blanc, avec des taches lancéolées d'un brun clair, plus larges et plus longues sur les cuisses ; gorge et sous-caudales d'un blanc pur ; sourcils blancs, rayés de brun ; moustaches étroites et peu marquées à la base du bec ; rectrices portant des taches d'un blanc roussâtre, rondes sur les médianes et ovoïdes sur les autres ; bec et pieds bleuâtres ; tour des yeux et cire jaunes, iris brun.

» La femelle, plus forte que le mâle, a le brun de la tête plus foncé ; les franges rousses du manteau et des ailes plus étroites ; des taches plus larges sous les parties inférieures, et des stries brunes à la gorge et sur les sous-caudales. » (CHENU.)

Selon Guillaume Tardif, il y a trois espèces de sacres. La première est appelée Seph, selon les Babyloniens et Assyriens : elle prend lièvres et biches. La seconde espèce est nommée Semy, et prend petites gazelles. La troisième est dite Hynair.

Le sacre pris après la mue est le plus vite et le meilleur.

Le Lanier

« Le faucon dit lanier est assez commun en tous pays, spécialement en France, car il fait volontiers son aire et ses petits aux bois sur les hauts arbres, ou sur les hautes roches, selon l'aisance des pays où il se trouve. Le faucon lanier est plus petit de corsage que le faucon gentil ; et il est fort beau de pennage, principalement après la mue. Il est plus court empiété qu'aucun des autres faucons. Et dit Maître Michelin que le lanier qui a plus grosse tête, et dont la couleur des pieds tire plus sur le bleu, soit niais ou sor, est meilleur que les autres. Avec ce faucon, on peut voler en rivières et en plusieurs autres manières de volerie ; et est spécialement bon par les prés pour battre les lièvres, voler perdrix, faisans, etc..... Il n'est pas dangereux en son pât ni en son vivre, car il supporte mieux son pât gras qu'aucun des autres faucons de gente penne. »

(Guillaume Tardif.)

« Moustaches étroites ; queue longue ; doigts courts ; le médian moins long que le tarse : la nuque d'un brun rouge. Taille : 0^{m}37 à 0^{m}39.

» Le lanier a les parties supérieures et les ailes colorées comme celles du faucon pèlerin adulte, avec l'occiput et la nuque roux rougeâtre ; parties inférieures tachées longitudinalement de noirâtre sur fond blanc ; rémiges noires, queue en dessous, semblable aux ailes ; bec et pieds bleus ; iris brun. »   (CHENU.)

L'Émerillon

« L'émerillon est de forme de faucon, plus petit que l'épervier, et principalement s'emploie pour les petits oiseaux, comme moineaux, alouettes, cailles et autres. Il les poursuit avec un merveilleux courage. Il doit être oiselé en huit jours, car après il ne vaut rien. »   (GUILLAUME TARDIF.)

» L'émerillon est un oiseau de poing et le plus petit de tous les oiseaux de proie ; il est hardi et courageux ; il poursuit la perdrix, la caille, la corneille, la pie et autres oiseaux plus grands que lui ; il est surtout remarquable dans le vol de l'alouette. Mais il a un grand défaut, c'est celui de charrier sa proie. Pour y remédier, il faut en dresser deux et toujours ensemble, les faire paître à terre et sur la même proie et rester auprès d'eux tout le temps de leur repas. On les rencontre en grand nombre en Alsace-Lorraine, et beaucoup vont nicher dans la cathédrale de Metz. De tous les oiseaux de proie, l'émerillon est le seul dont le mâle et la femelle se ressemblent.

» Moustaches faibles, nulles à la base du bec, doigts allongés, le médian égalant le tarse ; ongles allongés, ailes aboutissant aux deux tiers de la queue ; première remige plus longue que la qua-

trième et plus courte que la seconde et la troisième,
qui sont presque égales. Taille : 0^m26 à 0^m31.»
(CHENU.)

L'hiver il faut tenir l'émerillon dans une chambre chauffée, car il est extrêmement frileux, le fortement nourrir et toujours avec du vif : moineaux,
alouettes et même pigeons ; la viande de boucherie finit par les amaigrir et les tue malgré la
précaution que l'on a de la leur donner hachée.

Le hobereau se traite exactement comme l'émerillon ; il prend très bien l'alouette, la caille et la
perdrix; le pigeon lui-même n'a pas toujours le vol
suffisamment rapide pour lui échapper.

Maître Aymé Casian dit que l'émerillon, par sa
petitesse et sa délicatesse, ne vole guère qu'aux
alouettes et semblables oisillons, et rarement
prend le cailleteau et le perdreau.

L'Autour

L'autour est un grand oiseau de poing qui sert
à la basse volerie sur les faisans, perdrix, canards,
lièvres et lapins.

« Tarses robustes, vêtus au tiers supérieur ;
doigt interne atteignant le bout de la seconde pha-
lange du médian ; queue arrondie.

» Taille : 0^m52 le mâle ; 0^m60 la femelle. L'autour après une mue a les parties supérieures d'un
cendré bleuâtre ; au-dessus des yeux un large
sourcil blanc ; les parties inférieures sur un fond
blanc, portant des raies transversales et des ban-

des étroites, longitudinales, d'un brun foncé ; la
queue est cendrée, rayée de quatre ou cinq bandes d'un brun noirâtre ; le bec noir ; la cire vert
jaunâtre, iris et pieds jaunes. »   (CHENU.)

L'Épervier

« Tarses grêles, à peine vêtus supérieurement ;
doigt interne de la longueur de la première pha-
lange du doigt médian ; queue carrée, très longue,
dépassant de moitié et plus le bout des ailes.

» Taille : le mâle, 0^{m}32 ; la femelle, 0^{m}37. Le
mâle adulte a les parties supérieures d'un cendré
ardoise, avec une tache blanche à la nuque ; parties inférieures blanches, rayées transversalement
de roux et de brun, avec un trait de cette dernière
couleur sur la tige des plumes, à la poitrine et à
l'abdomen ; du roux vif sur les côtés du cou, et
des stries longitudinales brunes à la face anté-
rieure de cette partie ; sous-caudales d'un blanc
pur ; joues, comme le vertex, nuancées de blanchâtre au devant des yeux, et de roussâtre en
dessous ; couvertures des ailes et rémiges pareilles
au manteau, les dernières barrées transversalement sur leur barbes internes ; queue de la même
teinte en dessus, cendré bleuâtre en dessous, terminée de blanc et coupée par cinq bandes transversales noirâtres, plus foncées sur les barbes internes ; bec noir bleuâtre à sa base ; cire verdâtre ; iris et pieds jaune citron.

» Chez les vieux sujets, l'iris est quelquefois

jaune orange. La femelle adulte, beaucoup plus grosse que le mâle, est d'un brun cendré moins ardoisé en dessus, blanc lavé de cendré très clair en dessous, ondulé transversalement de brun au bas du cou, à la poitrine, à l'abdomen et aux jambes, avec un trait de brun de plomb foncé sur la tige des plumes ; gorge et devant du cou blanc pur, avec des stries brun et plomb ; sous-caudales d'un blanc parfait.» (CHENU.)

« Quelques auteurs ont voulu dire qu'on pouvait dresser et leurrer le corbeau et le milan, parce que tous deux sont oiseaux de proie, et qu'on les voit journellement chasser de nature et poursuivre leur gibier. Mais ce ne sont bêtes si nobles comme faucons et éperviers, lesquels semblent plus s'efforcer à faire vol grand et hautain pour quelque sentiment de gloire et honneur de la victoire, que pour appétit de la proie.» (JEAN DE FRANCHIÈRES.)

On peut se servir de l'épervier hiver comme été et avec grand plaisir pour les beaux vols qu'il fait. C'est un oiseau difficile à élever, mais quand on y réussit, il est très facile à dresser.

L'épervier qui a treize pennes en la queue, et sur le jaune du bec a une tache noire, sont deux signes de qualités d'après messire Arthelouche de Alagona, et selon Armodeus, l'épervier pesant est un moult bon signe ; l'épervier qui a le col long et étendu, est tenu pour lâche voleur, de quelque plumage qu'il soit ; celui, au contraire, qui a le col court et la tête plate, est tenu pour grand voleur.

C'est un oiseau d'une extrême rapidité et il possède sur beaucoup d'autres espèces le grand avantage de ne pas charrier.

Du choix des Oiseaux

LE choix des oiseaux est un point essentiel en fauconnerie, quoique les marques extérieures de bonté puissent quelquefois tromper.

Le faucon doit avoir la tête ronde, le bec court et gros, le cou fort long, la poitrine nerveuse, les mahuttes larges, les cuisses longues, les jambes courtes, la main large, les doigts déliés, allongés et nerveux aux articles ; les ongles fermes et recourbés, les ailes longues.

Les signes de force et de courage sont les mêmes pour tous les faucons, et pour le tiercelet qui est le mâle de chaque espèce, et qu'on appelle ainsi selon les uns parce qu'il naît généralement trois oiseaux dans un nid, deux femelles et un mâle ; selon d'autres, et je crois cette opinion plus juste, parce qu'il est d'un tiers plus petit que la femelle.

Une marque de bonté moins équivoque dans un oiseau, c'est de chevaucher le vent, c'est-à-dire de se raidir contre, et se tenir ferme sur le poing lorsqu'on l'y expose.

Il faut bien regarder si l'oiseau se tient sur la perche tranquillement et sans vaciller ; si sa langue n'est pas tremblante, s'il a les yeux perçants et assurés ; si les émeus sont blancs et clairs. Les émeus bleus sont un symptôme de mort.

Les qualités essentielles d'un fauconnier sont bon œil, patience et amour de ses oiseaux ; le choix d'un oiseau étant fait, on passe aux soins nécessaires pour le dresser.

On commence par l'armer d'entraves appelées jets, à l'extrémité desquelles on attache la vervelle ; on y ajoute des sonnettes, qui servent à indiquer le lieu où il est lorsqu'il s'écarte à la chasse. On le porte continuellement sur le poing, et, dans les premiers jours, on l'oblige à veiller soit en le faisant porter, soit en laissant une lumière devant lui pendant toute la nuit ; s'il est méchant et qu'il cherche à se défendre, on lui plonge la tête dans l'eau. Enfin on l'oblige par la fatigue et la privation de nourriture à se laisser couvrir la tête d'un chaperon.

Cet exercice dure souvent trois jours et trois nuits ; et pendant la journée, la chambre doit être obscure. Il est rare qu'au bout de ce temps les besoins qui le tourmentent et la privation de la lumière ne lui fassent perdre toute idée de liberté.

On juge que le caractère sauvage de l'oiseau est dompté lorsqu'il se laisse aisément couvrir la tête, et que découvert il saisit le pât ou la viande qu'on lui présente de temps en temps.

Avant d'affaiter les faucons, on les tiendra

longtemps sur le bloc ou à la perche, et si on en met plusieurs au bloc, on les éloignera de façon qu'ils ne puissent s'entre-tuer.

Il faut absolument et régulièrement, le matin et le soir, porter l'oiseau qu'on veut dresser. On le place d'ordinaire sur l'extrémité du poignet de la main droite. Il faut chercher à bien connaître le caractère de chaque oiseau, parler souvent à celui qui paraît peu attentif à la voix, veiller plus longtemps celui qui n'est pas assez familier, couvrir fréquemment du chaperon celui qui craint ce genre d'assujettissement.

Affaitage

Après avoir consulté bien des ouvrages de fauconnerie, et avoir emprunté à divers auteurs bon nombre des conseils que je viens de donner et que je donnerai dans la suite, j'espère, en joignant quelques observations personnelles, avoir éclairci plusieurs points obscurs pour certains adeptes en fauconnerie et faire revivre au XIX° siècle ce grand art de nos temps anciens.

La fauconnerie est beaucoup plus simple et plus facile qu'on ne le croit généralement, et j'espère que ceux qui voudront bien parcourir ce petit traité en deviendront aussi convaincus que son auteur.

La chasse du vol est un spectacle assez digne de curiosité et fait pour étonner ceux qui ne l'ont pas encore vu ; car on a peine à comprendre comment des animaux naturellement aussi libres que le sont les oiseaux de proie, deviennent en peu de temps assez apprivoisés pour servir à nos plaisirs, écouter la voix du chasseur qui les guide, être attentifs aux mouvements du leurre, y revenir et se laisser facilement reprendre.

C'est en excitant et en satisfaisant tour à tour leurs besoin qu'on parvient à leur faire supporter l'esclavage; l'amour de la liberté qui combat pendant quelque temps, cède enfin à la violence de l'appétit. et dès qu'ils ont mangé sur le poing du chasseur on peut les regarder presque comme assujettis.

Mais il y a des faucons d'un caractère si quinteux et si bizarre, que les fauconniers ne peuvent les faire plier que très difficilement à leur volonté; si un mois ne peut suffire pour les apprivoiser, il n'y a pas grande ressource, il faut les abandonner et leur donner l'essor; il ne faut pas même un mois pour s'apercevoir sensiblement du succès de l'éducation qu'on leur donne.

Tous les oiseaux de fauconnerie se dressent de la même manière; je ne m'étendrai donc pas sur l'affaitage de chacun en particulier.

Comme oiseaux de chasse pouvant donner agrément et plaisir, il faut s'en tenir aux faucons proprement dits, à l'autour et à l'éperviver; on peut encore ajouter le hobereau et l'émerillon.

La haute volerie se trouve donc caractérisée par les espèces qui suivent : le pèlerin, le tartaret, le gerfaut, le sacre, le lanier, l'émerillon, le hobereau ; la basse volerie comprend seulement l'autour et l'épervier. Je parlerai de ces derniers dans la suite, et je vais dans ce chapitre m'occuper tout spécialement de l'affaitage du faucon.

Premier jour : vous promenez ou faites promener l'oiseau de 6 heures du matin jusqu'à 10 heures. Vous le reposez alors sur la perche environ pendant une heure. Au bout de ce temps il doit être repris sur le poing et promené jusqu'au soir. Le posant alors sur la perche, vous lui enlevez le chaperon, et lui présentez le poing gauche garni du gant ; il est certain que le premier jour l'oiseau ne sautera pas sur le poing que vous lui présentez ; approchant alors le poing gauche de la poitrine de l'oiseau et le soulevant légèrement, vous l'obligerez par ce mouvement à se percher sur votre poing ; vous lui donnerez alors la beccade que vous tenez dans la main droite en l'appuyant sur le poing gauche.

Cette première leçon suffit et vous attachez alors de nouveau l'oiseau sur la perche en ayant soin de le chaperonner auparavant. Cette opération doit se faire très rapidement, et voici comment il faut s'y prendre : tenant l'oiseau sur le poing gauche, après avoir ouvert le chaperon, vous prenez celui-ci par le bas du plumet qui le surmonte, et le placez entre le pouce et l'index ; la partie supérieure du chaperon se trouve ainsi porter sur le creux de la main et la fente destinée à laisser passer le bec se trouve tournée vers la paume de la main. Renversant alors la main en arrière, de bas en haut, vous portez la main tenant le chaperon à la hauteur des mains de l'oiseau et l'élevez peu à peu jusqu'à hauteur du bec ; d'un mouvement rapide faisant passer le bec dans l'ouverture du chaperon vous couvrez la tête de l'oiseau, vous aidant de l'extrémité de l'index, du medium et de l'annulaire pour maintenir la nuque de l'oiseau qui cherche à retirer la tête en arrière. L'oiseau quitte souvent le poing et se renverse en arrière au moment où vous le chaperonnez, il faut quand même assurer le chaperon puis relever l'oiseau. Quatre lacets se trouvent placés à la partie postérieure du chaperon ; deux servent à l'ouvrir, deux à le fermer ; tenant donc l'oiseau sur le poing et la tête couverte du chaperon, vous prenez un des lacets-fermoirs de la main droite en même temps qu'avec les dents vous saisissez le lacet correspondant; vous tirez alors en sens inverse, et les lacets formant coulisse, le chaperon se trouve assuré. L'oiseau peut alors se mouvoir sans crainte de se déchaperonner. Il est du reste très rare qu'un oiseau chaperonné cherche à se débattre.

Ainsi donc, le premier jour : 1° faire porter l'oiseau sur le poing dès le lever du jour ; 2° le remettre environ une heure à la perche ; 3° le déchaperonner ; 4° lui présenter le poing gauche de très près. S'il y monte, le récompenser par deux ou trois beccades ; s'il refuse lui remettre le chaperon et le faire promener jusqu'au soir ; 5° avant la tombée du jour, le déchaperonner de nouveau et recommencer le quatrième exercice.

Deuxième jour : Promener l'oiseau comme la veille jusqu'à l'heure de son repas. Détachant alors la longe, que vous maintenez dans la main gauche tandis que vous enlevez le chaperon de la main droite, puis mettant dans votre fauconnière le chaperon, vous y prenez en même temps un morceau de viande préparé à l'avance. De la viande que vous tenez de la main droite, vous frappez le poing gauche que vous présentez à la hauteur de la poitrine de l'oiseau ; mais cette fois vous avez soin de tenir le poing gauche distant de l'oiseau d'environ 0^m10. S'il ne vient pas, vous vous rapprochez jusqu'à le toucher et le faites alors monter sur le poing ; dans ce cas vous ne lui donnez qu'une petite demi-gorge. Cet exercice doit se répéter tous les jours pour le repas du matin, et le soir à l'heure de la beccade, jusqu'à ce que l'oiseau saute de lui-même sur le poing dès qu'on le lui présente. Cet exercice dure souvent trois ou quatre jours, quelquefois plus ; si l'oiseau obéit à votre appel, il faut avoir grand soin de le récompenser en lui laissant tirer le pât. La leçon terminée, vous lui remettez le chaperon. Il faut cependant avoir grand soin, tout en soumettant l'oiseau à un régime sévère sous le rapport de la quantité de nourriture, de ne rien exagérer ; une privation de nourriture trop rigoureuse et trop prolongée abaisserait trop vite l'oiseau et ne peut produire un bon résultat. Il vaut mieux mettre plus de temps et aller graduellement.

Lorsque la docilité et la familiarité d'un oiseau

sont suffisamment confirmées dans le jardin, on le porte en pleine campagne, toujours attaché à la filière, qui est une ficelle d'une vingtaine de mètres. On le découvre, et l'appelant à quelques pas de distance, on lui montre le leurre. Lorsqu'il fond dessus, on lui laisse manger le petit morceau de viande qui s'y trouve attaché ; on se sert alors de la viande que l'on tient en réserve pour lui soustraire le leurre et on lui laisse prendre bonne gorge pour continuer de l'assurer.

Le lendemain on lui montre le leurre d'un peu plus loin, et ainsi de suite jusqu'à ce qu'il vienne au premier appel ; il parvient enfin à fondre dessus du bout de la filière.

C'est alors qu'il faut faire connaître et manier plusieurs fois à l'oiseau le gibier auquel on le destine ; on en conserve de privés pour cet usage. Cela s'appelle donner l'*escap*. C'est la dernière leçon, mais elle doit se répéter jusqu'à ce qu'on soit parfaitement assuré de l'oiseau ; on le met alors hors de filière, et on le vole pour bon.

Ainsi pour leurrer son oiseau, on attache une filière à la vervelle de l'oiseau qu'on tient sur le poing après avoir préalablement enlevé la longe ; deux personnes prennent quelques ailes de perdrix ou de pigeon avec les plumes, on donne à l'oiseau une de ces ailes à tirer. Pendant ce temps on s'éloigne de trente ou quarante pas l'un de l'autre. L'un des deux alors appelle l'oiseau, en lui montrant son aile, et en criant *hiou ! hiou !* puis on lâche l'oiseau afin qu'il aille manger. On le reçoit sur le poing et on lui fait tirer la viande par beccade. L'autre homme en fait autant.

C'est ainsi que l'on apprend aux oiseaux à revenir à leur maître par le moyen du leurre que l'on porte à son côté, lorsqu'on va voler. Quand il commence à s'accoutumer, on l'acharne avec de la viande, et on le fait venir à soi petit à petit avec une filière un peu longue, que l'on attache à la vervelle.

Lorsque l'oiseau est assuré on le mène dans la campagne et on se sert des mêmes moyens pour le faire venir ; le leurre étant bien confirmé, on lui fait tuer une poule, ensuite on lui fait *escap*.

La manière de leurrer que j'ai indiquée ne s'emploie pas à l'égard des faucons et tiercelets destinés à voler la pie ou pour champs, c'est-à-dire pour le vol de la perdrix et autres oiseaux. Lorsque ceux-là sont assurés au jardin, et qu'ils sautent sur le poing, on leur fait tuer un pigeon attaché à un piquet, pour leur faire connaître le vif ; et l'on continue cet exercice en augmentant tous les jours la distance de l'oiseau au piquet, et en allongeant la filière à laquelle se trouve attaché le pigeon. Après cela on donne à l'oiseau un pigeon volant au bout d'une très longue filière, et lorsqu'on juge l'oiseau assez sûr pour être mis hors de filière, on lui donne un pigeon volant librement, mais auquel on a eu soin d'arracher trois ou quatre grandes plumes de l'aile du même côté.

Le faucon pour corneille se dresse de la même manière, mais sans qu'on le serve de pigeons.

C'est une corneille qu'on lui donne à tuer au piquet à la place du pigeon ; après cela, on lui donne plusieurs fois l'*escap* en tenant la corneille attachée au bout d'une filière, dont, comme pour le pigeon, on augmente progressivement la longueur, jusqu'à ce qu'on juge l'oiseau assez confirmé pour voler pour bon. Six semaines ou deux mois au plus doivent suffire pour dresser un oiseau ; si au bout de ce temps l'oiseau continue d'être rebelle, il faut lui rendre la liberté.

Dans tous les oiseaux de proie, la femelle est préférable comme force, mais le tiercelet a le départ plus rapide. En général, les *niais* sont plus aisés à dresser, les *sors* le sont un peu moins, mais plus que l s *hagards*. qui, selon le langage des fauconniers, sont souvent curieux, c'est-à-dire moins disposés par leur inquiétude à se prêter aux leçons.

En hiver, il faut tenir les oiseaux dehors pendant presque tout le jour, sauf pendant les *très grands* froids, les fortes pluies et les temps de brouillard ; une pluie fine ne leur est pas nuisible, bien au contraire ; mais pendant la nuit je conseillerai de les tenir dans des chambres légèrement chauffées. La fumée leur est absolument contraire.

Tous les soirs il faut avoir grand soin d'enlever le chaperon à tout oiseau qui a pris cure, c'est-à-dire qui a mangé avec son pât poils ou plumes, afin de permettre à l'oiseau de rendre sa mulette L'oiseau qui ne l'a pas rendue le lendemain matin ne doit pas être chaperonné, il faut attendre qu'il l'ait rendue et ne rien lui donner à manger auparavant.

Les oiseaux doivent être attachés sur la perche de manière qu'ils ne puissent pas se nuire l'un à l'autre. Lorsqu'on leur a ôté le chaperon pour la nuit, c'est-à-dire vers neuf heures du soir, on leur laisse une lumière pendant une heure, pendant laquelle ils se repassent ce qui est très utile à leur pennage.

Il faut, au moins une fois tous les huit jours, présenter le bain aux oiseaux, été comme hiver. Mais au moment de la mue, il faut placer dans la chambre de l'oiseau plusieurs blocs de gazon qu'il choisit à sa préférence puisqu'il doit y être en liberté, et un baquet d'eau dans lequel il peut se baigner à volonté. Pendant ce temps, si l'on veut que les oiseaux fassent bien leur mue, je ne conseille pas de les faire chasser mais simplement de les faire venir au poing.

Pendant la mue, on leur donne deux gorges par jour, mais modérées; c'est un temps de régime. La veille d'une chasse on diminue de beaucoup la gorge qu'on leur donne afin de les rendre plus ardents; je ne partage cependant pas l'opinion de ceux qui prétendent qu'en semblable circonstance il faille les faire complètement jeûner. Les oiseaux, quels qu'ils soient, ne doivent jamais voler deux jours de suite, mais bien de jour entre autre. On leur donne bonne gorge après la chasse, demi-gorge le lendemain, afin de chasser le surlendemain.

A ceux qui, sans avoir jamais pratiqué, désirent s'occuper de fauconnerie, je conseillerai, afin de se faire la main, en s'habituant à savoir proportionner la nourriture, de débuter par une crécerelle ; ce n'est pas un oiseau pouvant rendre de réels services, mais en huit jours il est absolument soumis ; on se le procure partout et facilement, et je suis absolument certain de procurer un véritable plaisir à ceux qui seraient tentés de suivre ce conseil.

Maladies des Oiseaux

A l'égard des maladies des oiseaux, voici les principales, et les remèdes que l'expérience fait juger les meilleurs ; mais je pense que le meilleur moyen de prévenir leurs affections, c'est de leur donner une nourriture soignée et variée, de les baigner fréquemment et de les paître sur le vif ; je citerai cependant quelques accidents qui permettent d'en espérer la guérison.

Les *caractères* ou taies sur les yeux :

Elles viennent souvent de ce que le chaperon n'a pas été nettoyé avec soin ; quelquefois elles sont cependant naturelles. Le blanc de l'émeu d'un autour, séché et soufflé en poudre à plusieurs reprises, est le meilleur remède. On se sert aussi de la même manière d'alun calciné.

Le *rhume* se connaît à un écoulement d'humeur par les naseaux. Le remède est d'acharner l'oiseau sur le tiroir, c'est-à-dire de lui faire tirer sur le poing des parties nerveuses, comme un bout d'aile de poulet, une queue de bœuf, qui l'excitent sans le rassasier.

Le *pantois* est un asthme causé par quelque effort; il se remarque par un battement en deux temps de la mulette, au moindre mouvement que fait l'oiseau.

Le *crac* vient aussi d'un effort, et il se marque par un bruit que fait l'oiseau en volant, et dont le caractère est désigné par le nom *crac*.

On guérit ces deux maladies en arrosant la viande d'huile d'olive. Mais lorsque l'effort est à un certain point, la maladie est incurable.

Le *chancre* est de deux sortes : le *jaune* et le *mouillé*. Le jaune s'attache à la partie inférieure du bec ; il se guérit lorsqu'en l'extirpant il ne saigne pas. On se sert pour l'extirper, d'un petit bâton rond garni de filasse, et trempé dans du jus de citron ou quelque autre corrosif du même genre. Le chancre mouillé a son siège dans la gorge, il se marque par une mousse blanche qui sort du bec. Il est incurable et contagieux.

Les *vers* ou *filandres* s'engendrent dans la mulette. Le symptôme de cette maladie est un bâillement fréquent. On fait prendre à l'oiseau une gousse d'ail; on lui donne aussi de l'absinthe hachée très menu dans une cure.

Les *mains enflées* par accident se guérissent en les trempant dans de l'eau-de-vie de lavande, mêlée avec du persil pilé.

La *goutte*, celle qui vient naturellement, ne se

guérit pas. Celle qui vient de fatigue se guérit quelquefois, en mettant l'oiseau au frais sur un gazon enduit de bouse de vache détrempée dans du vinaigre.

Quand on voudra prévenir les maladies des oiseaux de proie, on ne les fera pas chasser dans un temps humide ; les rhumes qu'ils y contractent sont presque toujours la cause primitive de la plupart de leurs incommodités.

Ce qu'il faut faire pour retrouver les oiseaux perdus

« Les faucons et les gerfauts font des fuites quelquefois de trois et quatre lieues, et vont peu à l'essor; mais les laniers et les sacres vont à l'essor si ce n'est qu'on leur ait rendu quelque grand déplaisir ; de quelque manière que ce soit qu'ils soient égarez, il faut qu'il y ait quelqu'un qui demeure sur le lieu où l'oyseau aura monté à l'essor ou fait la fuite, et là tournez autour dudit lieu pour voir si l'oyseau ne rentrera pas, les oyseaux ne manquant jamais de rentrer dans leur volerie quand ils sont en bonne main ; si vous estes plusieurs personnes à la chasse, deux ou trois personnes peuvent picquer après l'oyseau du costé qu'on l'aura veu tourner, en leurrant et rappelant l'oyseau avec du vif toujours tout prest à leur donner au mesme moment qu'ils resteront, pour leur donner créance, sans s'arrester à les ramener à la volerie. Celuy qui sera demeuré au lieu où l'oyseau sera perdu, fera la mesme chose, et ainsi, pourvu que les oyseaux ayant été bien tenus au logis, difficilement en perdra-t-on. Ce qui fait le premier et dernier mot de la fauconnerie, *tiens-le bien*, ce n'est pas à dire le tenir fortement sur le poing, mais le tenir en santé et état au logis.»

(DE MORAIS.)

Les Oiseaux qui charrient

Comment on les reprend, ainsi que ceux perdus depuis peu de temps

C'est ainsi que s'exprime d'Arcussia :

« Je vous diray comme un seigneur de France avait un fort bon faucon qui volait pour les perdrix. Il arriva qu'une beccasse partit sous luy à une remise. L'oyseau la prend, et l'emporte sans qu'on le sceust reprendre. Il demeure perdu quelques jours, se paissant de pigeons, de coulombier ordinairement. A quelque temps de là, me treuvant à la chasse avec un prince que je ne nommeray point, on voit ce faucon portant des sonnettes; on dit aussi tost que c'estait un oyseau perdu que on ne pouvait reprendre, parce qu'il ne se voulait laisser approcher, et chariait lorsqu'on lui jettait du vif. Je dis soudain que si on s'amusait à le suivre, on le reprendrait. On ne le croyait pas, parce qu'il avait esté pris passager il n'y avait pas longtemps. Enfin je m'arreste avec un seigneur qui estait fauconnier, qui voulut voir ce

qui en serait. La fortune fut qu'un des miens avait
une longue filière et un pigeon, que je faisais porter pour un oyseau non encores dressé, que j'avais
alors, espérant de le leurrer sur le tard, à nostre
retour de la chasse : ce qui me vint tout à propos.
Ce seigneur, qui estait demeuré avec moy, me
disait toujours : « Vous perdrez temps ; on a essayé toute sorte d'artifices pour le reprendre ;
mais on n'a peu, car il charriera ou quittera le
pigeon ». Ces propos augmentaient l'envie que j'a-
vais de le tenir. Enfin, le voyant de loin sur un
arbre, je luy jette mon pigeon, lequel il vint
aussi tost escumer. Lors je me recule. Voilà ce
faucon qui retourne au pigeon, le lie et luy coupe
la gorge. Je m'approche peu à peu, et fis tant que
je fus au bout de la filière qui estait longue de dix
toises, et fort déliée et subtile ; de laquelle tenant
le bout, je commence de tourner à l'entour de
l'oiseau de plus loin que je peu. Ayant fait un
tour et demy, je tire tout bellement la filière qui
serrait les mains au faucon, sans qu'il s'en prist
garde. Je fis encores un autre tour et demy, ser-
rant toujours avec la filière, sans que le faucon
s'en apperceust. Ce qu'ayant fait, je commence de
croire que je le tenais : toutes fois, voulant faire
encore un autre tour pour m'en assurer mieux,
l'oyseau veut charrier; mais il se trouva les mains
liées de la filière qui avait passé par-dessus les
sonnettes. Alors je ne tarday pas de le saisir, me
mettant au hazard de son bec et de ses serres,
comme j'en fus quelque peu touché ».

Autourserie

'ART de l'autourserie a tant de rapport avec celui de la fauconnerie, que d'ailleurs cet oiseau est mis dans la famille des faucons, qu'on s'en sert de même qu'eux pour la chasse, et que si cette chasse n'est pas si belle ni si noble que celle des faucons, du moins elle est aussi agréable, plus profitable et, selon moi, beaucoup plus pratique.

D'après Guillaume Tardif, il y a cinq espèces d'autours : la première et la plus noble est l'autour qui est femelle. La seconde est nommée demi-autour, qui est maigre et peu prenant. La troisième est le tiercelet. La quatrième espèce est l'épervier, et la cinquième se nomme sabeck, ressemble à l'épervier, quoique plus petit que lui, et a les yeux bleus. L'autour pour être bon doit être pesant au poing, avoir les pieds larges, le bec long et noir, le cou long, la poitrine grosse, la chaire dure, les cuisses longues, charnues et distantes, les os des jambes doivent être courts, les ongles gros et longs.

Il faut également compter comme signe de bon autour : désir et abondance de manger, becqueter souvent son pât, prise soudaine de son pât sur le poing, digestion longue, force d'assaillir. Pour connaître la force des autours, celui qui émeutira le plus haut est le plus fort. La proie de l'autour est : faisans, canards, oies sauvages, cannes-pétières, vanneaux, perdreaux, cailles, lièvres et lapins. C'est même à la prise du lapin que l'autour excelle.

Pour bien dresser les autours, niais ou branchiers, il faut, dès le début, les nourrir à la main, et comme nourriture leur donner de la chair de volaille, de temps en temps de la viande de bœuf mouillée et surtout du lapin, en ayant soin de laisser avaler à l'oiseau poils, plumes et os à sa volonté. Lorsqu'ils commencent à se percher, on les habituera à tous bruits, et à se rendre sur le poing au premier appel en leur présentant une cuisse de lapin ou autre viande. On les exposera tous les matins au soleil, car un autour ne vole jamais mieux que quand la chaleur n'est pas excessive.

Celui qui vole le plus bas est le plus estimé.

En langage de fauconnerie, on donne aux autours les mêmes noms qu'aux autres oiseaux de proie. On nomme *niais* ceux qu'on prend dans le nid ; *branchiers*, ceux qu'on attrape sur les branches d'un arbre, lorsqu'ils commencent à voler ; *passagers*, ceux qu'on prend au passage, soit au filet, soit autrement.

Il faut peu à peu, et pendant qu'ils sont très

jeunes, habituer les autours au bruit et à la vue
des chiens, sinon plus tard ils s'épouvanteraient
et finiraient par se rebuter ; ils refuseraient alors de
partir du poing, ou bien monteraient à l'essor et l'on
courrait grand risque de les perdre.

L'autour aime en général à tirer ; on l'acharnera
donc tous les matins au *tiroir*, et si l'on veut le
bien conserver, on aura soin de l'éloigner du feu
et des rayons trop ardents du soleil. On n'*abattra*
jamais les autours que dans un grand besoin ; on
les *jardinera* tous les matins dans un endroit qui
sera exposé au soleil et à l'abri du vent. On leur
donnera leur nourriture avant de les présenter
au bain, on les laissera environ deux heures dans
cet état sur la perche. Il faut être très régulier, et
leur donner un jour bonne gorge et le lendemain
demi-gorge. Ce n'est qu'à force de régularité
qu'on peut espérer avoir un bon oiseau.

Lorsque l'on veut purger les autours il faut leur
donner de la manne avec de la chair ; cette manière de les traiter sans abattre l'oiseau, leur est
très profitable.

Affaitage de l'Autour

L'autour n'a pas besoin d'être chaperonné. Son
affaitage est facile, et je suis d'avis de le traiter
comme suit :

Prenons un niais.

1º On lui attache les sonnettes et on le laisse
en liberté dans la chambre qui lui est destinée.

2° Vers le soir, s'approchant de lui avec grande précaution, on lui présente le poing gauche tandis que dans cette même main on tient de la viande de bœuf hachée, que l'on a soin de lui faire voir. S'il refuse, on lui en touche le bec et on lui fait sentir la viande; s'il refuse encore, on attend le lendemain matin pour recommencer le même exercice. Après une journée de jeûne, l'oiseau généralement tire sur la viande, qu'il faut toujours lui présenter avec patience et douceur. Le deuxième jour au soir, à l'heure de la beccade, on lui représente la viande de la même façon, et s'il n'a que très peu mangé au repas du matin, on lui en laisse prendre un peu plus le soir, mais modérément, car c'est le repas du matin qui doit être le principal, les deux ou trois beccades du soir ne servant qu'à faire plaisir à l'oiseau lorsqu'il voit son maître, et aussi pour ne pas lui laisser l'estomac vide aussi longtemps.

Pendant quinze jours, cet exercice doit se répéter très régulièrement en ayant soin de donner le premier jour demi-gorge; le deuxième jour bonne gorge; le troisième jour demi-gorge; le quatrième bonne gorge, et ainsi de suite. C'est au maître de l'oiseau à voir, selon la docilité de son élève, s'il doit augmenter ou diminuer les gorges; pendant tout ce temps, il ne faut pas négliger de faire porter l'oiseau le plus longtemps possible; c'est le meilleur moyen de l'accoutumer à l'homme.

Il est indispensable de faire voler les autours

de bonne heure, parce qu'à mesure que les perdreaux prennent de l'aile, les autours prennent aussi des forces. Pendant tout le mois d'août, il suffit de leur faire voler un perdreau par jour et de les en paître.

A partir de cette époque, on peut leur en faire voler un plus grand nombre. Les niais se dressent aisément à venir au poing, les passagers viennent mieux au leurre. Au bout de quinze jours, l'autour doit être suffisamment instruit pour obéir au signal et du bout de la filière revenir au poing de son maître. Il est alors temps de lui donner le vif, et à cet effet on procède comme il a été dit pour les faucons.

On commence alors, au lieu de tenir de la viande, à prendre un pigeon et l'on réclame l'oiseau. Si l'autour obéit à l'appel, il faut le lui laisser manger tout ou partie, selon la gorge que vous croirez devoir lui donner. Dans ce cas vous dressez votre oiseau pour champs. Si, au contraire, vous voulez le dresser au lapin, il faut, au lieu du pigeon, prendre une tête toute chaude d'un lapin de garenne. Pour ce jour, la leçon est suffisante, et le lendemain faites-le seulement venir au poing et ne lui donnez que demi-gorge; nous voici arrivés au dix-huitième jour; encore bien peu de temps et vous pourrez voler pour bon.

Le dix-neuvième jour vous attacherez un lapin de garenne ou un pigeon (cela, je l'ai déjà dit, dépend du vol pour lequel vous voulez voler) à une filière un peu longue attachée au piquet, et vous .

mettez également votre autour en filière. Il partira certainement sur la proie qui s'offre à lui, mais alors, sans la lui laisser tuer, vous vous avancerez rapidement à sa rencontre, et arrivé près de lui, vous lui présenterez de la main gauche une beccade à tirer, pendant que de la main droite vous délivrerez le captif.

Si l'autour refuse d'abandonner sa proie pour sauter sur votre poing, il faut commencer par détacher les ongles de derrière, et tirer fortement, quoique sans brusquerie, sur le lapin que vous maintenez à terre avec le genou, pendant que vous tirez l'oiseau en tenant les jets dans la main gauche et que vous élevez le poing. Au bout de quelques minutes vous lui faites alors recommencer le même exercice, et cela au moins cinq ou six fois en le laissant reposer entre chaque vol.

Renouvelez ce dernier exercice encore pendant deux jours, ce qui nous met au vingt-troisième jour. Allez alors au milieu d'une plaine et après avoir enlevé à l'autour filière et vervelles, et ne le retenant sur le poing que par les jets, faites lâcher également en liberté un lapin de garenne à environ quinze pas de vous. Lâchez, et votre oiseau ne peut se mal comporter.

À partir de ce moment, ce n'est que par un exercice continuel et surtout en sachant bien régler les gorges que vous pourrez maintenir votre oiseau.

Affaitage de l'Épervier

On donne au mâle le nom d'*émouchet* ou de *mouchet*. L'épervier reste toute l'année dans notre pays, l'espèce en est même assez nombreuse ; la femelle fait son nid sur les arbres les plus élevés de nos bois, elle pond ordinairement quatre ou cinq œufs, qui sont tachés d'un jaune rougeâtre vers leurs extrémités.

Cet oiseau, tant mâle que femelle, dit M. de Buffon, est assez docile, on l'apprivoise aisément, et on peut le dresser pour la chasse des perdreaux et des cailles ; il prend aussi des pigeons séparés de leur compagnie, et fait une prodigieuse destruction des pinçons et autres petits oiseaux qui se mettent en troupe pendant l'hiver.

Les Éperviers muent au commencement du printemps ; il faut alors les mettre dans une chambre où ils puissent se promener librement. La façon de les dresser est la même que celle que j'ai indiquée pour l'autour ; mais la difficulté n'est pas de les dresser, mais bien de les élever.

Pour élever de jeunes éperviers, il faut les tenir au chaud, nourriture abondante deux fois par jour, le matin de bonne heure, et le soir avant la tombée du jour ; cette nourriture doit être exclusivement composée de petits oiseaux : merles, grives, tourterelles et jeunes pigeonneaux ; toujours de l'eau bien claire et fraîche ; mettre une perche en travers de la chambre, mettre au milieu de la pièce un tas de gravier fin et de sable bien secs; laisser les oiseaux en liberté dans la chambre jusqu'à ce qu'ils soient bien sur leurs ailes ; laisser la fenêtre de la chambre ouverte jour et nuit en été, et placer devant la fenêtre un filet à mailles serrées afin que les oiseaux ne s'abîment ni le bec ni les plumes.

Lorsque l'oiseau vient bien au poing, attachez alors une alouette ou autre oiseau, selon que vous voulez le dresser au petit ou gros gibier, attachez, dis-je, la proie à l'extrémité d'une filière d'environ 1 mètre 50 cent. et dont vous fixerez l'autre extrémité après une barre de fer longue de 15 centimètres et de poids suffisant pour que votre épervier ou autre oiseau de proie ne puisse l'entraîner.

Présentez alors votre épervier, faites-lui prendre cette proie facile, et attendez, avant de vous en approcher, qu'il commence à déplumer ; vous baissant, et avançant avec grande précaution, vous couchant même au besoin pour vous approcher, vous présentez à l'oiseau une beccade. Pendant ce temps, de l'autre main vous maintiendrez à terre l'oiseau qu'il a pris en posant un doigt dessus, et l'aiderez à le manger, mais à terre ; s'il veut déplumer, vous déplumerez sa proie avec lui, et l'aiderez à déchiqueter. Ayez surtout bien soin de faire voir à l'oiseau que loin de vouloir lui retirer sa proie, vous l'aidez au contraire et lui en donnez d'autre.

Le deuxième jour, qui est jour de demi-gorge, vous le faites simplement venir au poing.

Le troisième jour, qui est jour de bonne gorge, vous renouvelez la prise du vif en faisant partir cette fois votre oiseau d'un peu plus loin, et mettant une filière plus longue à l'oiseau d'escap. Vous continuerez ainsi pendant huit jours, en augmentant toujours les distances.

Ne faites jamais voler vos oiseaux par la neige, si ce n'est pour les faire venir au poing, mais alors il faut avoir la précaution de les mettre à la filière. Pendant que l'oiseau mange, il faut lui faire plaisir, le caresser, et lui gratter les pieds avec les doigts.

Ce que je viens de dire pour l'épervier s'applique également à la crécerelle, à l'autour et au hobereau.

Voici comment s'exprime Guillaume Tardif, sur la manière de faire voler son épervier nouveau :

« Qui veut voler de son épervier nouveau affaité, qu'il en vole un peu devant le soleil couché, parce que c'est l'heure qu'il a le plus grand'faim. Pour faire voler ton épervier nouveau, faut chercher large campagne, que si les perdriaux saillent et il s'embât, laisse-le aller s'il faut de près ; que s'il le prend, donne-lui à manger contre terre de la poitrine d'un perdriau, avec la cervelle. Quand il aura mangé un peu, ôte-lui et le décharne, va loin de lui puis siffle et le réclame ; et s'il revient à toi, pais-le. Que s'il est bien appris aux gros oiseaux, tu peux bien le faire voler aux alouettes, car c'est le plus beau vol et plus plaisant que la volerie de l'épervier aux alouettes. Et parce que

la chair et le sang des alouettes est chaud et ardent, il est bon quand il y volera de lui donner
deux fois la semaine de la chair lavée, et la plume
bien souvent. Mais ne lui donne la plume le jour
qu'il aura mangé chair lavée, ni le jour qu'il se
sera baigné. »

Le lâcher de l'Autour.

Il ne faut pas tenir les autours trop long-temps sans les lâcher ; cependant il faut les retenir si la proie qu'ils doivent poursuivre est trop forte pour eux ou part trop loin ; les autours ne craignent pas d'être retenus, mais il ne faut jamais les lâcher de rebat. Quand l'autour vient de fournir un vol, il ne faut pas le lâcher qu'il n'ait repris haleine et ne se soit secoué.

Parfois l'autour se perche et refuse de descendre de l'arbre où il s'est arrêté ; pour l'y obliger, on prend une filière de sept ou huit mètres, au bout de laquelle est attachée une perdrix ou un lapin mort ; si la proie est vivante cela vaut encore mieux, mais ce n'est pas nécessaire, et prenant l'extrémité de la filière, on traîne en courant un peu loin ; l'oiseau, voyant le gibier remuer, fond aussitôt sur sa proie et par ce moyen on s'en rend bien vite maître. Cependant il ne faut l'employer que rarement et seulement quand on a épuisé tous

les autres moyens ordinaires pour le faire revenir
sur le poing.

Enfin si par le traîneau on ne peut s'en rendre
maître, la dernière ressource est d'attacher un
pigeon volant au bout de la filière, et de le jeter à
l'autour. C'est infaillible.

L'oiseau à force de chasser s'abîme et se casse
souvent les plumes de la queue, ce qui lui cause
une grande gêne en son vol. Il ne m'est jamais
arrivé de les réparer; pourtant cela se fait, et assez
facilement; pour moi, j'arrache les mauvaises plumes quelle que soit l'époque de l'année; il vaut cependant mieux choisir le temps où l'oiseau ne chasse
pas; mais je dis que cela peut se faire en tout temps
et que la santé de l'oiseau n'en souffre nullement.

Si vous avez beaucoup de plumes à arracher,
mettez entre chaque opération l'espace de quatre
ou cinq jours, et n'en enlevez qu'une chaque fois.
Deux mois après environ les plumes seront re-
poussées, et le balai sera en parfait état ; voici comment il faut s'y prendre :

Vous prenez l'oiseau sur le poing gauche, et le
tenez court ; puis de la main libre vous prenez la
plume à peu près par le milieu et d'un coup sec
vous l'arrachez.

Tous les autours ne prennent pas le lièvre, la
femelle seule parvient à l'arrêter, et encore faut-il
un autour formé de premier ordre. A *soixante* et
soixante-dix mètres vous pouvez hardiment lâcher
un autour sur un lièvre, principalement si l'oiseau
est régulièrement entraîné. J'en ai possédé qui

m'ont fait prise de lièvres de sept livres à plus de *cent mètres.*

Quant au lapin en haute futaie, c'est un jeu pour l'autour, et le tiercelet y est merveilleux.

Pour le perdreau, il ne doit pas partir trop loin, quarante mètres sont déjà une grande distance. Mais un moyen de pouvoir approcher le perdreau isolé ou en compagnie, c'est de faire tenir l'oiseau par le fauconnier, et faisant un détour, d'aller se placer environ à 100 ou 200 mètres de l'autre côté de la plaine où vous supposez les perdreaux. Vous réclamez alors votre oiseau qui vient au poing. Cette simple traversée suffit pour faire raser les perdreaux, car ces derniers ont certainement vu votre oiseau, et leur frayeur est telle, que vous pouvez vous en approcher sans crainte; ils partiront presque dans vos jambes.

Si vous voyez au contraire piéter les perdrix, avancez doucement, et vous en approcherez autant que les accidents de terrain vous le permettront, car il ne faut négliger aucune précaution pour donner avantage à votre oiseau. Si ce dernier voit les perdrix et veut partir, lâchez ; car ou les perdrix, ne le voyant pas, se laisseront approcher à bonne distance, ou, prises de crainte, elles se raseront, et dans ce cas vous pouvez être presque sûr de la prise, l'autour en empiètera.

Les conseils que je viens de donner, j'en ai fait l'expérience, car, au nombre de mes oiseaux, je possède un autour forme, *Junon*, celle-là même qui a volé au Champ de Mars, aux fêtes organi-

sées par le CANIS-CLUB, qui en est à sa troisième
mue et a fait prise en

1884	. . . .	322 lapins
»	. . . . . .	3 lièvres
»	. . . . . .	2 pies
1885	. . . . . .	280 lapins
»	. . . . . .	2 levrauts
»	. . . . . .	11 perdreaux
»	. . . . . .	4 pies
»	. . . . . .	2 écureuils

Quand on n'a pas soin des autours, ils tombent
dans une espèce de défaillance qu'on nomme
boulinie ; cette maladie peut les conduire à la
mort.

La boulinie est occasionnée par des humeurs
qui coulent dans la mulette lorsqu'on laisse jeûner
les oiseaux trop longtemps. On préviendra donc
cette maladie en ne laissant jamais trop longtemps
l'oiseau sans nourriture, en ne lui présentant surtout que des aliments frais et variés de façon à
ne pas le dégoûter. C'est ordinairement pendant
l'hiver que la boulinie survient aux autours.

Les autours ne veulent pas qu'on les garde
longtemps sans les faire voler, quelque temps
qu'il fasse ; aussi pour empêcher qu'ils ne se
découragent, on prend une perdrix vive ou un
pigeon que l'on attache au bout d'une filière d'environ vingt mètres, puis on attache l'autour à
l'autre extrémité ; on gagne la plaine et on lâche
perdrix ou pigeon à l'autour, qui fond aussitôt dessus ; il faut l'en laisser paître et prendre bonne

gorge. En renouvelant cet exercice deux fois par semaine, l'oiseau devient d'un très bon affaitage.

L'autour prend admirablement bien le lapin au sortir du terrier. Il s'habitue parfaitement au furet, et ne lui fait aucun mal. Si l'autour manque un lapin au sortir du terrier il faut immédiatement le réclamer sur le poing ; rien n'est plus mauvais que de le laisser sur un arbre voisin en lui laissant attendre la sortie d'un second lapin. Il faut à tout prix le faire revenir au poing avant de le laisser suivre une autre proie.

Vol pour le Canard

ES autours, à la différence des autres
oiseaux de proie, volent à la toise, c'est-
à-dire d'un seul trait d'aile ; ils sont plus
rapides qu'aucun autre oiseau à partir
du poing, c'est pourquoi ils doivent être préférés
pour le vol du canard. Il faut choisir pour cette
volerie un endroit où il y ait des fossés; plus
les fossés sont étroits et profonds, plus ils sont
commodes pour cette chasse.

Quand on est arrivé sur le lieu, et qu'on a
observé où sont les canards, on prend les devants
le long du fossé avec l'autour sur le poing. Etant
vis-à-vis, on se présente sur le bord où l'on envoie un chien battre les roseaux; les canards effrayés
se lèvent, et l'autour aussitôt part du poing. Si la
chasse est bien menée, on peut être certain de
rapporter du butin.

Pour rendre les autours bons à cette volerie, il
faut de temps en temps leur faire prendre des
canards domestiques afin qu'ils connaissent mieux
ce gibier. 7

Conclusions

L'autour peut voler :

Lièvre, il faut une forte femelle.

Lapins, autour forme et tiercelet.

Le canard, le courlis, la corneille, le faisan, la pie, le geai, la huppe, le vanneau, etc...

Avec l'épervier, on vole :

Le perdreau, la caille, la grive, le merle, l'alouette, la pie, le geai et tous les petits oiseaux.

Avec les faucons :

On peut tout voler depuis le perdreau jusqu'à la gazelle, comme cela se pratique encore aujourd'hui en Égypte et en Perse.

Voici ce que rapporte à cet égard un voyageur, acteur et témoin d'une de ces chasses.

« Je me levai, dit-il, quand le désert était déjà radieux ; le soleil avait bu la rosée de la nuit ; on fit les préparatifs ; chacun regarda si son fusil était en bon état ; les chevaux étaient sellés. On monta vivement à cheval quand on entendit des cris dans toutes les directions : c'étaient les domestiques qui revenaient ; un grand troupeau de gazelles, traqué de toutes parts, arriva près des tentes ; ce fut le signal du massacre. Les faucons furent lâchés ; ils s'élevèrent dans l'air, planèrent un instant comme pour choisir chacun leur victime, et tombèrent perpendiculairement, ainsi que ferait une pierre, sur la tête des gazelles. C'était pitié de les voir se débattre et faire des bons prodigieux ; le faucon se tenait cramponné entre les deux cornes, et chaque effort du pauvre animal ne faisait qu'enfoncer les serres cruelles plus avant dans sa tête ; ses petits cris plaintifs, lorsque le faucon lui mangeait les yeux, me brisaient l'âme. Les lévriers furent lancés à la poursuite des fuyards, et les chasseurs les achevaient à coups de lance ou de fusil ».

Notes et Conseils

—

Quoiqu'on se soit généralement peu servi de l'aigle dans les temps anciens, le passage qui suit prouve cependant le cas que l'on en faisait, et dénote ses qualités. *Giulio Cesare Scaligero*, exercit. 228., raconte que, emporté par l'ardeur de la chasse, un grand lièvre, après une course rapide, poursuivi par les braques et sur le point d'être pris, se rapprochait du bois, lorsque du haut des airs fondit un aigle qui le lia, et l'enleva dans les airs : *canes delusit trientes :* et auparavant Enéide, 9.

Qualis ubi aut leporem, aut candente corpore Cycnum sustulit alta petens pedibus Jovis armiger uncis. Furiis exercita tantis donet in insidias circa contralle locatus Præcipitet. De plus Pline ajoute, liv. X, c. 4, que l'aigle pour arriver plus facilement à son but, et faire sûrement la chasse du cerf, qui est plus fort que lui, et muni et armé de cornes pour sa défense, se charge les ailes de poussière : volant alors entre les cornes du cerf, il secoue ses ailes sur la tête et dans les yeux pour lui troubler la vue ; ensuite le frappant avec les ailes, et le griffant avec les serres, il l'oblige à se précipiter du haut des rochers. *Pulverem volatu collectum, insidens Cervi : cornibus excutit in oculos ejus ; ora pennis verberans, donec in rupes præcipitet.*

Le grand Turc, dit Carcano, se sert de l'aigle à la chasse : et celui-ci étant assoupli et domestiqué, deux hommes sur une perche en portent deux en campagne et les font voler ensemble : un vole élevé et l'autre bas ; celui qui vole bas va criant fort, rasant les champs et remplaçant pour ainsi dire le chien ; sitôt qu'un gibier se fait voir, celui qui est en l'air fond dessus et le prend ou le blesse et le maintient alors jusqu'à ce que les chiens viennent le secourir et l'aider à tuer.

La chasse à l'aigle était également en usage en Afrique et chez les Tartares ; les Turcs également s'en servaient. M. de Tavernier, dans son livre de voyages, écrit en français, parle aussi de la chasse à l'aigle dans d'autres pays, et de la curieuse manière dont l'aigle attaque jusqu'au tigre, en lui sautant sur les yeux, qu'il crève ; le tigre étant aveugle, ils en sont maîtres et le tuent.

JETS. — DE LEUR COULEUR.

Les jets qui pendent aux mains des faucons ne doivent jamais être couleur de chair, c'est-à-dire de couleur rouge, mais bien de cuir noir ; et voici la raison qu'en donne Aldrovande, liv. III. *Propter Aquilas : quæ rubro colore eminus conspecto, carnem recentem suspicatæ, accipitres involant.*

DIFFÉRENTES ESPÈCES DE FAUCONS.

Les faucons sont de sept espèces : en premier sont les *laniers*, en second sont ceux que l'homme appelle *pèlerin*, en troisième les faucons *montaniers*, en quatrième les faucons *gentils*, en cinquième les *gerfauts*, en sixième *le sacre*, en septième le faucon *de Norwege*, qui est le seigneur et roi de tous les oiseaux.

En 1250, Albert-le-Grand dans son ouvrage *De Animal*, liv. XXIII, ne débute pas par le *pèlerin*, mais bien par le *sacre*.

Les faucons de Candie étaient très appréciés et recherchés en France, car nous trouvons dans l'histoire *Ven. lib.* IV qu'en 1498 on envoya trois ambassadeurs de la République au roi de France, qui furent M. Antonio Loredano, M. Nicolo Michiele et M. Girolamo Giorgio : ils apportèrent au roi soixante faucons de l'île de Candie et deux cents peaux de zibeline, très belles, ayant cependant quelques poils tirant sur le noir : ce don fut reçu avec grand plaisir, et le roi en fit remercier le Sénat par ses trois ambassadeurs à leur retour. Sir Jacopo dit que deux ans après la République envoya également au même roi Louis XII un don de faucons, bien qu'en 1484 la République eût déjà envoyé un semblable don au roi Charles VIII, son prédécesseur. Les deux décrets se rapportant à ces envois existent encore; le premier est de 1484, du 20 janvier, qui dit : « Étant arrivé à Venise soixante faucons de race du Noble homme Girolamo Veniero, et l'ambassadeur du roi très chrétien ayant demandé d'être admis à la vente parce qu'il désirait les acheter pour le service de son roi, se détermina à les acheter, et d'en envoyer au nom du Sénat la moitié au roi de France, et l'autre moitié au roi d'Espagne. »

L'autre décret est de 1500, 17 novembre, par lequel est décrété de compter au Noble homme Gianfrancesco Veniero quatre cents ducats d'or pour quarante faucons, de les consigner et les délivrer dans l'ordre suivant : *vingt* au roi très chrétien, *huit* à la reine, *huit* au révérend cardinal de Rohan, et *quatre* à Milan, au ministre de la couronne de France, neveu du cardinal de Rohan, qui devait se charger de leur transport en France.

Même à Venise, les faucons pèlerins étaient rares, et regardés comme cadeau royal, d'après ce qu'on lit dans la chronique de Ser Marino Sanudo, imprimée à Milan en 1733, dans la partie *rerum italicarum*, on lit, dis-je, page 834 : « Au mois de mai, dans le duché de Michaele, vinrent trois orateurs de la part du comte Lazzero pour se réconcilier et faire la paix avec la seigneurie, par l'intermédiaire de dame Magdeleine, comtesse de Scutari, qui était la femme de Giorgio Strazimiero. Ces envoyés apportèrent en don à la seigneurie quatre faucons pèlerins, deux autours et deux vases d'argent. »

FAUCON PÈLERIN

Carcano, Giorgi et Aldrovande prisent beaucoup le faucon pèlerin et constatent la préférence que l'on avait en France pour cet oiseau; il existait même un proverbe courant qui disait que le lanier servait aux Français en guise de cuisinier.

Dans le duché de Francesco Foscari, au mois de juin 1426, sur un brigantin armé venu de Scutari, sur lequel était un ambassadeur du comte Lazzero, venu à la seigneurie afin d'obtenir pardon et réconciliation avec la comtesse, qui était femme de messire Giorgio Strazimiero, pour la rébellion que fit la ville de Scutari; l'ambassadeur sut si bien s'y prendre qu'ils tombèrent d'accord et la seigneurie pardonna; il fut alors fait don au Doge de quatre autours et de quatre faucons blancs de toute beauté ainsi que d'autres présents.

Dans le duché de Tommaso Madenigo, décembre 1422, la ville de Scutari en Albanie, qui avait à sa tête Delphino Veniero, qui avait fait accord avec le comte Lazzero pour lui rendre Drivasto, envoie deux ambassadeurs pour traiter; ils apportèrent en don cinq faucons et cinq autours, parmi lesquels s'en trouvait un blanc, et superbe à voir, ce qui est chose rare. La seigneurie alors en fit don à divers seigneurs d'Italie, et le partage en fut fait de cette manière : au duc de Milan deux faucons et deux autours, parmi lesquels se trouvait le blanc; aux marquis de Ferrare et de Mantoue deux faucons et deux autours. Au seigneur de Polenta de Ravenne un faucon et un autour. (*Chron. de Marin Sanudo.*)

L'ÉPERVIER

C'est ainsi que Brunetto Latini, vulgarisé par Bono Giamboni, liv. V, chap. 2, s'exprime au sujet de l'épervier : « Les éperviers doivent être de cette manière : avoir la tête petite et les yeux en dehors et gros, la poitrine ronde, les pieds blancs, ouverts et grands, les jambes courtes et fortes, et la queue longue et mince. »

DU PRIX DES FAUCONS

Carcano, page 26, dit que le gerfaut en Italie se vendait cinquante écus.

DE L'AUTOUR

Bien qu'il y ait des autours de bien des pays, il faut placer en première ligne l'autour d'Arménie, qui selon Tardif et Belon est le plus valeureux. Pierre Crescenzi dans son *Traité de l'Agriculture*, liv. X, ch. 7, dit que les autours sont de la nature des éperviers ; et dans le *Trésor de Brunetto*, liv. V, ch. 9, on trouve : « l'autour est un oiseau de proie que l'homme tient pour le plaisir d'oiseler, comme l'homme tient les éperviers et faucons, et il est de facture et de couleur semblables à l'épervier ; mais il est plus grand que le faucon. »

FAUCONS

Aldrovande, page 338, dit que les faucons illyriens sont excellents ; ces faucons font leurs petits en Dalmatie.

FAUCONS NIAIS

Lorsque les faucons ont nourri et élevé leurs petits jusqu'à l'âge où les ailes sont à moitié poussées, ils les chassent alors du nid. S'ils ne veulent pas partir et s'habituer à se procurer leur nourriture en volant, non seulement ils ne pourvoient plus à leur existence, mais encore, avec le bec et les serres, ils les jettent dehors. Les parents volent alors devant eux pour attaquer et lier quelques petits oiseaux, pour montrer aux jeunes par l'exemple comment ils doivent faire la chasse et pourvoir eux-mêmes à leur nourriture ; et afin qu'ils ne deviennent pas paresseux, et qu'ils n'en prennent pas à leur aise, ils les habituent à attendre leur nourriture et non à la rechercher. Charles Grégoire Rossignol, jésuite ; *Merveilles de la nature*, ch. 30.

Et voici également comment s'exprime à ce sujet St-Ambroise, dans *Hexaem*, liv. V, ch. 18 : *Pullos suos instruere ad praedam, caret ne in tenera aetate pigrescant, ne solvantur deliciis, ne marescant otio ne discant cibum magis expectare quam quærere.*

NOURRITURE

Il ne faut pas donner au faucon n'importe quelle nourriture, mais bien au contraire la choisir ; il faut à certains moments donner à l'oiseau de la chair d'agneau et se garder de la chair du chevreau, qui est pour lui une chair trop forte et mauvaise. De Thou, au contraire de beaucoup d'autres, recommande la chair de lièvre, et cite aussi comme bonne viande, la bécassine et le lapin qui habite les cours et souterrains obscurs, ce qui veut dire le lapin de garenne.

Il recommande aussi de ne pas donner à l'oiseau de proie des animaux en rut, ni certaine partie velue du corps, ce qui serait cause de vers, obstruction des viscères, rhume chronique et sommeil. Mais il dit aussi qu'il faut lui faire manger poils et plumes, sauf la partie précitée, ce qui lui sert de cure, lui donne des forces, lui dégage la tête, lui fait bon estomac et tempère la bile. Il recommande particulièrement la chair de petits chiens, le merle, la grive, la perdrix, la caille et le pigeonneau, mais repousse comme absolument nuisible la chair du bouc, du chat et du loup. Le mouton, le veau et le porc font battre les paupières de l'oiseau, font couler de l'humeur des yeux du faucon et produisent une humeur froide dans l'estomac. Il ne faut pas non plus leur faire manger de chair d'oiseaux se nourrissant de viande ; le poulet est au contraire un excellent manger. De Thou, liv. II, ch. 7.

DE LA CURE

La plume que les oiseaux avalent en se paissant a la propriété de consumer et réprimer les croissances de leur mulette. C'est pourquoi je ne saurais assez conseiller de toujours donner cure de la plume du gibier que les oiseaux prennent ; et leur donner aussi en la nuit du vif, dont on les pait.

MULETTE

La *mulette*, c'est le gésier des oiseaux de proie, où tombe la mangeaille du jabot pour se digérer. Quand cette partie d'un oiseau de proie est embarrassée des curées, qui sont retenues par une humeur visqueuse et gluante, on dit qu'il a *la mulette empelotée*. Il se forme alors quelquefois une peau qu'on appelle *doublure* ou *double mulette*, qu'on purge par le moyen des pilules qu'on lui fait avaler.

Voici la description de la cure que donne Aldrovande, liv. IV : elle doit être formée de duvet, ou de très petites plumes d'oiseaux ; l'opinion de de Thou, au contraire, est qu'elle doit être faite de chanvre, de lin ou d'étoupe, ou même de laine, *si plumæ non suit ad manum lana, et similibus uti licebit, si modo prius per diem integrum aqua macerentur.*

CHASSE, VOL DU PÈLERIN

Thomas Strozzi, jésuite, dans un sermon de carème traitant de la divine miséricorde, fait la relation d'un vol de pèlerin et s'exprime ainsi : « Vedeste signori un Falcone Peregrino dar caccia ad un' Airone, ad una Garza ? Fugge al vederlo l'intimorito uccelletto, dibattendosi affannato fin sulle nuvole. Si spicca all' incontro il predatore rapidissimo in alto, e forvolando, se le pone a cavaliere di sopra. Oppressa la Garza si libra giù, et svolazza : si libra giù anch' egli il falcone, e la svolazza addosso con larghe ruote, con cui, o le segna il campo alla battaglia, o le forma il serraglio alla carcere. Ella fugge ; quello la incalza. Ella dà a traverso ; quello le tronca lo scampo ; Vola, rivola, si gira, si spicca ; quel sempre di sopra, et sempre intorno ne' giri suoi l'imprigiona ; et pian piano la stringe. La Garza perde di campo. Il Falcone avanza di posto. Quella manca di lena. Questo cresce di ardire. Eccole troncate all' improviso le ruote, vibrate l'ali si spicca di lancio all' assalto ; la misera sotto quel fulmine alato si rannicchia, e trema. Il cacciatore volante la ghermisce con un artiglio e vola a gittarla in seno all' uccellatore. Così, dice Agostino, così fece con me la vostra misericordia o mio Dio. Ella per più anni mi si raggiro d'intorno, straccandomi sulle vanità del Mondo ; e chiamandomi a se col battere in mille guise le amo-

rose sue penne : *Circumrolitabat me a longe*. Alla fine
strinse le ruote, e mi fe sua preda. »

DE LA MUE

De Thou conseille de ne pas mettre le faucon en mue avant
le mois d'août et de le maintenir en mue jusqu'aux environs
du 10 septembre.

Pendant la mue il ne faut jamais faire transporter un oiseau
d'un endroit a un autre ou le changer de contrée ; gardez-vous
de jamais transporter un oiseau qui aura commencé de
muer, si vous désirez le conserver.

NOURRITURE

De Thou recommande surtout de donner au faucon sa nourriture petit à petit, afin qu'il s'habitue à reconnaitre son maitre;
mais aussi afin qu'il ne dévore pas son past gloutonnement.

LEURRE

Messire François Buti dans son commentaire sur le poème
du Dante dit : le leurre est fait de cuir et de plumes en forme
d'ailes; le fauconnier s'en sert pour réclamer son oiseau en le
faisant tourner et en criant.

DIFFICULTÉS DES AIRES

Albert-le-Grand, liv. XXIII, *De Animal*, au sujet de la difficulté de trouver les aires des faucons, raconte que François
Foxien Caudale, philosophe et mathématicien français qui
mourut nonagénaire le même jour où fut consacré Henri IV,
étant allé, pour satisfaire un caprice, sur les cimes élevées des
Pyrénées, avec bâton et crochets de fer, finit par découvrir des
aires d'aigles et de faucons et que ces endroits étaient tellement
arides et escarpés que les chèvres sauvages elles-mêmes ne
pouvaient y parvenir.

FASCINATION. — ALOUETTES

On trouve dans Carcano, liv. II, ch. 38.

Certains gentilshommes m'ont affirmé que l'empereur Ferdinand étant à cheval, son faucon déchaperonné sur le poing, et tenant de la main droite une baguette longue d'environ sept pieds, à l'extrémité de laquelle se trouvait un fil fort en forme de nœud coulant, dans le chercher qu'il faisait des alouettes. les voyant à terre, élevait le poing et les faisant voir au faucon ; qu'au même moment elles étaient terrifiées et demeuraient immobiles ; Sa Majesté, se servant alors de sa baguette tout à son aise, les prenait au nœud coulant comme on le fait pour les grenouilles.

CHASSE

La vue d'un vol de héron est d'une grande attraction ; puisque se priver du plaisir de le regarder était une mortification que s'imposaient les seigneurs : voici ce que l'on cite comme acte de mortification du duc de Candie François Borgia, général de la compagnie. Celui-ci se trouvant en compagnie de Charles-Quint, ferma les yeux au plus beau du combat, et fit le sacrifice de ce plaisir à Dieu ainsi que le raconte Charles Grégoire, jésuite, dans son ouvrage intitulé : *Les Merveilles de la nature*, où il décrit ainsi la chasse du héron : « Étant un héron oisif près d'un marais poissonneux voisin d'une forêt, le chasseur le découvre, et à grands cris lui fait prendre le vol ; au même moment, il jette le faucon qui du premier élan empêche l'ennemi de se retirer au bois, et l'oblige de fuir ailleurs, montant alors dans les nuages, pour se cacher à la vue. Et, sentant alors que le poids de la nourriture s'oppose à la rapidité de son vol. il rend et se décharge ; de manière que les chasseurs voient tomber à terre les morceaux qu'il avait mangés. Mais lui aussi. le faucon, monte en décrivant de larges cercles en l'air, jusqu'à ce qu'il surmonte et devance le héron, qui opprimé s'abaisse, et change le vol en voltigeant çà et là, à la recherche de quelque rivière. afin de plonger dedans, et de telle manière se sauver, sachant que son adversaire est très peureux de l'eau. Et si ce subterfuge lui fait défaut, et qu'il s'aperçoive que son ennemi descend sur lui comme l'éclair, il ne perd cependant pas courage, mais emploie pour sa défense l'arme pointue, longue et résistante, son bec, dont la nature l'a pourvu et garni. Il renverse alors la tête sous l'aile, dispose en dessus la pointe du bec afin que le déprédateur en reste transpercé ; si celui-ci n'est pas adroit, plus sa descente sur le héron est furieuse, plus il court de danger de se transpercer. C'est ainsi quelquefois que celui qui venait pour tuer, trouve la mort, et paie de sa vie sa trop grande ardeur. Mais l'assaillant, bon connaisseur de l'arme ennemie, esquivant le danger, se tourne sur les côtés et de la l'attaque jusqu'à ce que le plus souvent il arrive à faire prise. » La chasse des hérons, d'après Carcano, se faisait en Italie à la fin de février et au commencement de mars, quand les hérons commencent à passer.

QUELQUES CONSEILS

Avant que d'enfermer les jeunes oiseaux, il faut d'abord les armer ; il faut être d'une grande exactitude à les paître tous les jours, et toujours sur le poing, s'il est possible, afin de les accoutumer à l'homme ; pour commencer à bien dresser un oiseau, il est nécessaire de le porter sur le poing dès la pointe du jour et sur le soir afin de l'assurer plutôt.

Il faut bien se garder de donner aux oiseaux gorge sur gorge, et grosse gorge ; quand les oiseaux ont passé leur gorge par le haut, il la leur faut laisser passer par le bas, autrement ce serait les mettre en danger de mort.

Un fauconnier ne doit pas avoir d'autre occupation, de façon à toujours les avoir sur le poing ; un homme ne doit pas avoir charge de plus de deux oiseaux ; sinon il lui faut un aide. Celui qui aura un bon fauconnier, ne doit cependant pas se décharger sur celui-ci de tous les soins à donner à ses oiseaux ; mais il devra surveiller de très près la façon dont ils sont traités ; car un homme violent, colère et impatient perdra toujours de bons oiseaux.

Un fauconnier doit aller relever les cures tous les matins, les presser avec le doigt, considérer si l'eau en est claire, la porter au nez pour sentir si elle n'a pas mauvaise odeur, et examiner si les émeuts sont louables ; tous les huit ou dix jours, il est bon de tremper leur viande dans un peu d'eau de rhubarbe ; cela leur nettoie les boyaux, et les purge du flegme et de leurs mauvaises humeurs.

Pour prévenir les poux et la vermine, je conseillerai de poivrer de temps en temps les oiseaux ; outre que cela les rend d'un affaitage plus facile, c'est un très bon moyen pour prévenir et même les délivrer de ces animaux. J'ai aussi employé avec succès la poudre insecticide. On peut aussi se servir du moyen suivant : Prenez une pipe, et tandis que vous fumez un cigare, vous introduisez le tuyau de la pipe sous les plumes de l'oiseau, et soufflez de la fumée par la tête de la pipe et continuant d'envoyer de la fumée, vous changez de place l'extrémité du tuyau ; cette opération répétée pendant trois ou quatre jours suffit le plus souvent.

Pour poivrer les oiseaux : Il faut que les oiseaux que l'on veut poivrer ne soient ni trop pleins, ni décharnés ; il faut aussi que l'oiseau que l'on veut poivrer soit vide de sa mulette et que l'eau préparée soit tiede. Pour faire ce bain il faut une once de poivre et autant de romarin. Lorsqu'on aura trempé, retrempé et manié l'oiseau on lui mettra du poivre sec sur la tête à l'exclusion des yeux et des naseaux ; on l'ôtera du bassin et on le mettra sur la perche au soleil auprès du feu pour le sécher, le gardant de trop de chaleur ou de froid. On poivrera ensuite les gants et la perche de la même eau, pour chasser entièrement les poux. La nuit suivante on mettra une peau de lapin ou de lièvre sous les mains de l'oiseau pour attirer les poux.

Voici, je crois, la proportion qui peut être adoptée par exemple pour un *autour formé* de moyenne force : lorsque l'oiseau a mangé, en lui tâtant légèrement la gorge avec la main, la gorge doit représenter à peu près la grosseur d'un œuf de poule comme demi-gorge, et atteindre la grosseur d'un œuf de dinde comme bonne gorge. Il faut cependant, pour la nourriture de ses oiseaux, se régler sur leur appétit, leur force, et considérer le travail plus ou moins rude auquel on les soumet.

Pour conserver les oiseaux, et garder qu'ils ne se perdent, je vais signaler ici les occasions qui les font ordinairement s'écarter.

1° Les oiseaux qui ne sont pas bien dressés, ni assurés dès le début avec suffisamment de soin et de patience.

2° Les oiseaux que l'on a négligé de poivrer de temps à autre, et ceux à qui l'on ne présente pas régulièrement le bain.

3° Un vent trop fort et un temps gris et brumeux.

4° Les faire voler immédiatement après la neige, la pluie, ou par un soleil trop ardent.

5° Le manque de connaissance par l'oiseau de son fauconnier.

6° Pour avoir oublié de porter à la volerie de quoi le reprendre, comme poule vive, ou pigeon.

7° Parce que l'oiseau charrie, habitude qu'il ne faut pas lui laisser prendre.

8° Pour faire voler votre oiseau trop matin et par la rosée, ce qui fait qu'il va se percher sur un arbre afin de s'éplucher.

9° Ayez soin si vous menez un chien à la volerie que les oiseaux aient l'habitude de le voir et qu'ils le connaissent bien.

10° Veillez à ce que vos oiseaux soient tenus très proprement, et que leur pennage soit toujours net et luisant.

11° Presque toutes les maladies des oiseaux sont contagieuses ; aussi, si vous portez un oiseau malade, il faut changer de gant pour porter les autres ; il faut également avoir une perche séparée pour tenir les oiseaux souffrants.

PARIS. — IMP. CHARLES SCHLAEBER, 257, RUE SAINT-HONORÉ

TABLE DES MATIÈRES

Aperçu historique 7
DE LA FAUCONNERIE 19
Des différents termes de Fauconnerie 21
Du vol 23
Manière de se procurer des oiseaux. 29
Des objets nécessaires en fauconnerie. 37
Des oiseaux pris dans l'aire. 43
De la nourriture des Faucons en général. 47
De la nourriture de l'Autour. 49
De la nourriture de l'Epervier et du Hobereau. . 50
Le Pèlerin ou Gentil 53
Le Tartaret 55
Le Gerfaut. 56
Le Sacre. 57
Le Lanier. 59
L'Emerillon 60
L'Autour 61
L'Epervier 62
Du choix des oiseaux. 65
Affaitage 67
Maladies des oiseaux 76
Ce qu'il faut faire pour retrouver les oiseaux perdus. 78
Les oiseaux qui charrient 79
AUTOURSERIE 81
Affaitage de l'Autour. 83
Affaitage de l'Epervier. 87
Le lâcher de l'Autour. 91
Vol pour le Canard 97
Conclusions 98
NOTES ET CONSEILS. 101

PLANCHES

Prise du Lapin par l'Autour (frontispice)
Objets nécessaires au Fauconnier, 1. 37
»   »   2. 38

PARIS. — IMPRIMERIE CH. SCHLAEBER

www.ingramcontent.com/pod-product-compliance
Lightning Source LLC
LaVergne TN
LVHW021855170726
843503LV00003B/1231